自然再生と社会的合意形成

髙田知紀

東信堂

はじめに

　わが国の国土整備事業で重要な課題のひとつとなっているのは、高度経済成長期以降に急速に失われてしまった自然環境を積極的に取り戻していくこと、すなわち自然再生の推進である。自然再生を実践することは、動植物あるいは生態系の保全といった観点からだけでなく、産業活性化や観光方策、あるいは教育の面においても重要な意味をもっている。人間社会と自然環境が共生する地域空間をつくっていくプロセスは、その地域に様々な価値を生み出していく。

　自然再生を実現するための技術は２つの重要な側面をもっている。ひとつは理工学的技術である。自然再生を進めるにあたっては、たとえば、再生しようとする環境の特性を分析し、どのような評価指標のもとに再生の目標を設定するのか、さらには具体的にどのような方法・工法によって再生を実施するのか、など様々なことを検討しなければならない。このような理工学的技術に関しては、土木工学系や生態学系の領域、さらには応用生態学や生態工学に代表されるような分野横断的な領域において多くの知見が蓄積されている。

　ふたつめは、社会技術である。自然再生事業はほとんどの場合が公共空間を改変することになる。したがって、そこに暮らす人びと、あるいはその公共空間にアクセスする人びとに対して、直接的にも間接的にも様々な影響を生じさせる。そこで重要なのは、人びとの声やニーズをふまえながら、どのような再生ビジョンを描き、それをどのようにして事業として展開していくかということである。したがって、自然再生事業においては、その地域に暮

らす人びと、あるいは何らかの形でその地域にかかわる多様な人びとの事業への参画と協働を欠かすことはできない。重要となるのは、そのような協働のプロセスをいかにして適切に組み立て、内容のある議論を展開し、さらにその成果を事業に反映させていくか、すなわちプロセス・マネジメントのための社会技術が求められるのである。

　上述した自然再生における2つの技術的側面について、本書では特に自然再生に求められる社会技術に焦点を絞り、多様な人びとの協働によって豊かな自然環境を取り戻していくためのプロセスのマネジメント方法とその理論的基礎について論じている。

　自然再生における社会技術の核心に位置するのは「社会的合意形成」のマネジメントである。単に「合意形成」ではなく「社会的」と冠するのは、自然再生事業では不特定多数のステークホルダー（利害関係者あるいは関係者）が存在するなかで合意形成を実践しなければならないからである。限定されたステークホルダー間での合意形成と区別するために、自然再生やその他の社会基盤整備事業における合意形成を「社会的合意形成」と呼ぶ。

　本書では自然再生における社会的合意形成の実践意義を「地域の人びとの多様な価値観や異なる意見を積極的に認め、様々な対立を協働によって克服しようとする努力のなかで、地域の独自性・固有性をふまえた創造的な再生計画案を実現すること」と捉えている。したがって合意形成は、決して妥協点を模索したり、異なる意見をもつ人びとを説得するためではなく、クリエイティブな提案を見出すための努力のプロセスとして考えている。本書で論じているのは、いわば「創造的合意形成」に関する理論と技術である。

　本書で展開する議論は、筆者が当事者として携わった新潟県佐渡島における自然再生活動と合意形成マネジメントの実践にもとづいている。実践活動のなかで直面した様々な具体的課題について、その解決に取り組み、さらにそのプロセスに考察を加えることで理論的成果をまとめた。ここで言う理論的成果とは、「この理論を使えば誰でも同じ答えが導ける」という類のものではなく、合意形成マネジメントを展開するうえでの基本的な考え方や新しい視点、あるいはマネジメントに有用なツールを提供したことである。各事例

において適切に合意形成を実現していくためには、その事業に携わる人びとの個性、あるいは地域や事業の特性をふまえて、それぞれの現場での創意工夫が不可欠である。本書には、そのように各事例で創意工夫をするうえでのヒントになるような要素を盛り込むことができたと考えている。

　本書をまとめるにあたり最も大事にしたのは現場の視点である。合意形成マネジメントに実際に携わった当事者として、現場で直面した問題あるいは葛藤を大切にし、実践の特徴的な部分や本質的な部分が抜け落ちないように細心の注意を払いながら、そのうえで可能な限り客観的かつ論理的な文章で表現することを心がけた。したがって、本書の各部では基本的に、佐渡島における実践活動の詳細を論じた後に、そのプロセスに考察を加え、合意形成マネジメントの本質的な要素を理論化するという手順になっている。本書を通読していただければ、当事者の視点からみた合意形成マネジメントの経緯、具体的な課題とその解決の道筋、さらには実践を通して抽出した問題解決のためのツールや概念モデルを網羅的に理解していただけると思う。

　本書が、合意形成についての研究を志す人びとはもちろんのこと、自然再生や環境保全、あるいはその他の社会基盤整備事業の現場にかかわる多くの人びとの一助となることを強く願う次第である。それがひいては、山川草木・花鳥風月と人間の息遣いが調和した豊かな国土空間の形成へとつながっていくのであれば、これに勝る喜びはない。

　2013年9月

髙田　知紀

自然再生と社会的合意形成／目次

はじめに ……………………………………………………………………… i

序章 …………………………………………………………………………… 3
 第1節　本書のテーマと方法 ── 3
 第2節　本書の構成 ── 6

第Ⅰ部　合意形成マネジメントの課題

第1章　自然再生事業への市民参加 ………………………………………… 13
 第1節　市民参加の動き ── 13
 第2節　環境配慮型の社会基盤整備 ── 17
 第3節　生物多様性の保全 ── 23
 第4節　自然環境の複雑性とローカルな価値 ── 27

第2章　自然再生事業の創造的展開に向けた課題 ………………………… 34
 第1節　合意形成プロセスの基本ステップ ── 34
 第2節　創造的合意形成とプロジェクト・マネジメント ── 40
 第3節　合意形成マネジメントで直面する課題 ── 49

第Ⅱ部　行政主体の自然再生における合意形成マネジメント

第3章　トキ野生復帰のための佐渡島・天王川自然再生事業 ………… 61
 第1節　事業の背景と概要 ── 67
 第2節　水辺づくり座談会のコミュニケーション・デザイン ── 70
 第3節　「天王川自然再生計画(案)」の策定に向けた合意形成 ── 79

第4章　地域社会におけるインタレスト形成の構造分析 ……………… 91
 第1節　意見・意見の理由・理由の来歴 ── 91
 第2節　インタレスト分析とコンフリクト・アセスメント ── 99
 第3節　インタレストの時間的空間的要因 ── 104

第5章 「局所的風土性」の概念 ……………………………… 111
第1節 「風土」の理論的基礎 ── 111
第2節 環境へのミクロな視線 ── 117
第3節 「局所的風土性」概念の提案 ── 121

第Ⅲ部 市民主体の自然再生における合意形成マネジメント

第6章 佐渡島・加茂湖の包括的再生に向けた活動 ……………… 131
第1節 「包括的再生」の理念 ── 137
第2節 市民組織「佐渡島加茂湖水系再生研究所」の設立 ── 139

第7章 コモンズとしての加茂湖 ………………………………… 148
第1節 環境問題におけるコモンズ論の展開 ── 148
第2節 加茂湖再生の活動とルールづくり ── 157
第3節 コモンズを担う地域主体の形成 ── 173

第8章 市民工事 …………………………………………………… 181
第1節 法定外公共物としての加茂湖 ── 181
第2節 「こごめのいり再生プロジェクト」の実践 ── 183
第3節 「市民工事」の概念 ── 194

第Ⅳ部 合意形成の評価

第9章 自然再生事業における合意形成プロセスの評価 ……… 205
第1節 評価基準 ── 205
第2節 評価の実施 ── 215
第3節 「合意形成プロセス構造把握フレーム」の提案 ── 221

あとがき ……………………………………………………………… 232

引用・参考文献一覧 ………………………………………………… 236

索引 …………………………………………………………………… 245

自然再生と社会的合意形成

序章

第1節　本書のテーマと方法

　自然再生推進法の制定に象徴されるように、わが国の国土整備において自然環境の再生が重要な課題となっている。特に河川や湖沼などの水辺再生に関しては、国や地方自治体が積極的に取り組んでいる。自然再生の推進にあたって重要なのは、行政によるトップダウン方式での事業推進ではなく、地域住民やNPO、あるいは民間企業など多様な主体の協働プロセスを構築することである。また事業の実施主体は、事業にかかわる多様な人びとのなかで適切に合意形成を実現していくことに注力しなければならない。

　社会基盤整備事業の合意形成手法に関する基礎的な知見は、先行研究により着実に集積されている。先行研究が対象とした多くの事例は、道路計画やまちづくり、あるいは都市計画マスタープラン策定プロセスであった。自然再生事業は、生態系そのもの、あるいは社会と自然環境との関係性に起因する予測の不確実性を事業の本質としていることから、道路整備や港湾整備といった社会基盤整備事業とはその性質が異なる。そのため、事業推進における市民参加の意義や目的、またプロセス・マネジメントのあり方も事業の性質をふまえたものでなければならない。そこで必要となるのは、自然再生事業で求められる合意形成に関する知見を体系的に示し、適切な合意形成マネジメントに向けたひとつの方向性を見出すことである。

　本書では、自然再生事業の合意形成マネジメントの現場において有用な知見を示すため、具体的な実践活動を基礎として議論を展開した。実践の中心

的フィールドは新潟県の佐渡島である。実践に関しては、2つの種類の自然再生に関する取り組み、すなわち、行政機関による公共事業としての自然再生事業と、地域住民が主体となった自然再生の取り組みの両方を取り扱った。公共事業における実践に関しては、新潟県が事業主体となって実施している天王川自然再生事業に合意形成マネジメントチームのメンバーとして参加し、自然再生計画案の策定に向けた話し合いのファシリテーションやインタレスト分析などを行った。また、地域住民が主体となった活動では、地域住民や行政関係者らとともに市民組織を設立し、加茂湖という汽水湖の再生に取り組んだ。

　本書は佐渡島での実践をベースに展開するが、それは単なる事例報告ではなく、今後の自然再生事業において参照価値のある理論を導き出すためのひとつの社会実験として捉えられるべきものである。本書では合意形成に関する基礎理論にもとづいてプロセスのデザインを行い、そのうえで現場での様々な創意工夫によって合意形成を実現した。

　佐渡島では環境省がトキの野生復帰事業を展開している。またトキの事業に関連して環境共生型農業の実践や河川再生など様々な取り組みが展開されている。佐渡はいわば、日本における環境保全・再生の先進地である。特に本書で取り上げる天王川自然再生事業は、トキの野生復帰を支援するための環境整備というシンボリックな意味合いに加えて、計画案が白紙の段階から地域住民やNPO、また専門家・行政関係者らが話し合って再生プランを描いていくという点において、合意形成の観点からきわめて示唆に富む事例である。また、加茂湖再生の取り組みは、市民が主体となって自らの手で資金調達から自然再生工事までを実践した全国的にみても希少な取り組みである。このような先端的な事例から得られる知見は、今後の地域に根ざした自然再生事業のあり方に重要な方向性をもたらすであろう。

　社会実験としての実践活動は、筆者が東京工業大学大学院に所属していた期間に携わったいくつかの学術研究プロジェクト、および活動助成事業の枠組みのなかで展開した（図0-1）。学術研究プロジェクトのひとつは、環境省地球環境研究総合推進費による「トキの野生復帰のための持続可能な自然

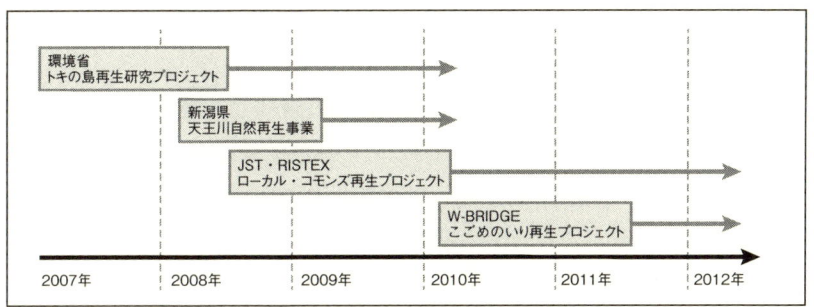

図0-1　各プロジェクトの実施時期

再生計画の立案とその社会的手続き(通称：トキの島再生研究プロジェクト)」である。この研究プロジェクトは、九州大学、東京大学、新潟大学、埼玉大学、山階鳥類研究所、国立環境研究所、東京工業大学の7つの機関の協働によって推進された。そのなかで筆者が所属していた東京工業大学大学院・桑子敏雄研究室は、トキ野生復帰のための社会環境整備に向けたワークショップを佐渡島内で実践した。この研究プロジェクトと連動する形で、桑子研究室は、新潟県からの依頼を受け、財団法人リバーフロント整備センターとの連携のもとに天王川自然再生事業の合意形成マネジメントを実施した。さらに、トキの島再生研究プロジェクトの活動のなかであがった地域のニーズに応える形で、科学技術振興機構・社会技術研究開発センター(JST・RISTEX)による「地域共同管理空間(ローカル・コモンズ)の包括的再生の技術開発とその理論化(通称：ローカル・コモンズ再生プロジェクト)」が始まった。この研究プロジェクトは、東京工業大学、九州大学、兵庫県立大学の3機関の協働のもとに、加茂湖の再生を中心的テーマに研究実践活動を展開した。加茂湖の再生を具体的に行うための中心的存在は、市民組織「佐渡島加茂湖水系再生研究所(通称：カモケン)」である。カモケンは、天王川の事業をきっかけとして、佐渡の地域住民、佐渡市・新潟県・環境省といった行政機関、また東京工業大学、九州大学をはじめとする大学の協働のもとに設立された市民組織である。加茂湖における具体的な自然再生事業を進めるにあたってはこのカモケンが、株式会社ブリヂストンと早稲田大学の連携による

「W-BRIDGE」からの助成を受け、「こごめのいり再生プロジェクト」を実施した。

以上のように本書で実践した社会実験は、環境省およびJST・RISTEXによる学術研究プロジェクトと、新潟県からの依頼を受け参加した天王川自然再生事業、さらに民間組織による研究活動助成事業である「W-BRIDGE」の活動を統合している。これらの活動のなかでは、常に地域住民と協働し、さらに環境省、新潟県、佐渡市といった行政機関との連携体制を構築してきた。また本書のなかで示す課題や解決案の抽出については、研究プロジェクトのメンバーのみならず、地域住民や行政の担当者などの関係者と議論しながら作業を行った。

また、社会実験としての実践結果に、自然再生事業や社会基盤整備事業のもつ性質に着目しながら理論的考察を加えることで、他の事例にも適用可能な普遍的要素の抽出を試みた。ここでの理論的考察とは、話し合いやコミュニケーションのマネジメント理論だけでなく、人間存在と環境との関係、また自然再生という行為の根底にある思想についての考察も含む。また実践についての理論的考察の成果として、問題解決に向けた新たな概念を構築し、新たな視点から合意形成マネジメントを展開するための道すじを提示した。

社会実験における成果を他の事例で参照・適用するうえでは、本書における実践の現象面にとらわれず、合意形成のための本質的要素を明確にすることが重要である。そこで、実践活動の経緯について適宜、抽象化・モデル化を行うことで、実践の成果を他の事例においても有用な形で提示することを目指した。

以上のように、本書では、佐渡島における社会的実践と理論的考察を融合することによって、一般的に適用可能な自然再生事業における合意形成理論の導出を試みた。

第2節　本書の構成

本書は4つのパートと9つの章から構成されている。第Ⅰ部(第1章、第2

章）では、自然再生事業における合意形成マネジメントの意義と課題について論じる。

　第1章では、自然再生事業に多様な主体が参加することの意義について論じる。その手順として、国土整備における市民参加の動きと環境配慮型社会基盤整備事業の展開について、その経緯を概観する。さらに生物多様性の保全に向けた自然再生事業の展開において、複雑性を伴う自然環境の予測不確実性に対応するため、また地域に固有の価値や情報を掘り起こしそれらを事業に反映させていくために、専門家のみならず、地域住民をはじめとする多様な人びとの参加が重要な意味をもつことを示す。

　第2章では、自然再生における参加プロセスの意義をふまえて、自然再生事業で求められる合意形成のあり方について考察する。また先行研究の議論をもとに、合意形成プロセスの基本的なステップ、およびプロセスのマネジメントを担う実践者について論じる。さらに、自然再生事業で合意形成マネジメントを展開するうえでの2つの根本的な課題として、①複雑な地域社会のなかでのインタレスト分析の難しさ、および②地域に根ざした自然再生推進の難しさ、を示す。

　本書では、第2章で示した2つの根本的課題について、それぞれ第Ⅱ部と第Ⅲ部においてその解決のための道すじを示す構成となっている。

　第Ⅱ部（第3章、第4章、第5章）では、公共事業による自然再生事業での合意形成マネジメントの実践を通して、ステークホルダーの多様なインタレストを適切に分析し合意形成をはかっていくための考え方について論じる。

　第3章では、本書の社会実験のフィールドである佐渡島・天王川自然再生事業における合意形成プロセスのデザインとマネジメントの実践の概要を示す。筆者はこの事業において、合意形成マネジメントチームのメンバーとして、話し合いの場のデザインや運営、および利害関係者の調査・分析などを行った。合意形成マネジメントの成果として、天王川の河口部再生計画案、および中流部の再生イメージについて合意形成に至った。

　第4章では、多様なインタレストが形成される経緯としての「理由の来歴」と、人びとの多様な視点から捉えられた地域環境の個別性と共通性に着目

し、インタレスト形成の構造について考察を行う。天王川自然再生事業におけるインタレスト分析を通して、ステークホルダーの抱くインタレストの背景には、地域の時間的空間的条件が深く関係していることを示す。

第5章では、ステークホルダーのインタレストとその背景にある地域の時間的空間的要因の関係を「風土」の問題として捉え、合意形成マネジメントにおけるその重要性を論じる。ただしここではある地域や社会の全体性を表す大局的な風土ではなく、よりミクロなスケールで地域環境と人びとのインタレストを分析するための「局所的風土性」の概念を提案する。この「局所的風土性」概念は、多様な意見や価値観が存在するなかで人びとが共有可能な提案を創出するためのキーコンセプトである。

第Ⅲ部では、合意形成マネジメントにおける2つ目の根本的課題である「地域に根ざした自然再生推進の難しさ」について、その解決のための道すじを示す。そのための社会実験として市民主導による自然再生活動を展開し、そのプロセスについて考察を行う。

第6章では、佐渡島におけるトキの野生復帰に向けた社会環境整備活動のなかから生まれた「包括的再生」の理念について論じる。さらにその理念にもとづいて、加茂湖水系の包括的再生を目指す市民組織「佐渡島加茂湖水系再生研究所(通称：カモケン)」の設立の経緯および組織のしくみを示す。

第7章では、地域に根ざす形で自然再生を推進するために「コモンズ」という視点を多様な人びとの間で共有することの重要性について考察する。カモケンは地域の多様なニーズに応じる形で、自然再生のみならず、地域活性化や環境教育など多様な活動を展開した。そのような活動を基礎としてカモケンは、加茂湖に関心を抱く人びと共に、「コモンズとしての加茂湖」を再生・維持管理するためのルールの基礎となる「加茂湖憲章」を作成した。またコモンズの再生に向けては、ルールづくりに加えて、コモンズを担う地域主体の形成が不可欠であることから、第7章ではカモケンの実践経緯をもとにコモンズ再生に向けた地域主体形成プロセスのモデルを示す。

第8章では、公共工事の実施が難しい加茂湖を地域住民の手によって具体的に再生する「市民工事」という手法を提示する。加茂湖において実践した市

民工事は、ただ市民が自らの手で整備工事を行うだけでなく、資金調達や計画案の検討、施工、維持管理、行政的手続きまでを含んだ一連のプロセスであることから、地域に根ざした新たな公共的空間整備の方法として位置付けられる。また、「つくり手」としての技術者と「使い手」としての地域住民の視点が融合した新たな協働型空間整備のスタイルでもある。本書では市民工事の手法について、つくり手と使い手の視点に着目し、「多機能重奏協働モデル」と名付けてその概念モデルを示す。

　以上の第Ⅱ部および第Ⅲ部での実践と考察をふまえて、第Ⅳ部では自然再生事業における合意形成プロセスを評価するための枠組みを提案する。

　第9章では、合意形成を評価するための評価枠組みとして、評価基準、評価実施の考え方、および評価のためのツールを示す。本書における社会実験をふまえると、自然再生事業における合意形成では、インタレストの背景にある「局所的風土性」を理解すること、および地域住民の「主体的実践」を実現することがポイントであった。そこでこれらの成果を組み込んだ評価基準の基礎的項目を示す。また合意形成プロセスを含む自然再生事業をプロジェクトとして捉える視点から、PDCAの考え方を基礎に、改善と評価の作業を相互的に繰り返すプロセス評価の基本的スタンスについて論じる。さらに、評価を実施するために、合意形成の重要な要素にもとづいてプロセスを構造的に把握するための「合意形成プロセス構造把握フレーム」を提案する。

第Ⅰ部

合意形成マネジメントの課題

第1章　自然再生事業への市民参加

　本章では、日本の社会基盤整備事業における市民参加の動き、および自然再生事業の展開について概観する。さらに、市民参加に関する法制度や自然再生の根底にある理念を概観し、自然再生プロセスに多様な主体が参画することの意義について考察する。

第1節　市民参加の動き

（1）日本の社会基盤整備事業における市民参加の動き

　道路や鉄道、河川、公園などの社会基盤整備の主な目的は、国民の快適で豊かな生活の実現である。これらの社会基盤整備は、主に公共事業として行われ、不特定多数の人びとに直接的にも間接的にも様々な影響を及ぼす。戦後のわが国における国土政策では、「地域間の均衡ある発展」を基本目標とした全国総合開発計画にもとづいて、重化学工業を太平洋側に配置する「拠点開発」が行われた。その後に国は、高度経済成長期に「日本列島改造論」と共鳴する形でつくられた「新全国総合開発計画(二全総)」にもとづき、新幹線や高速道路、空港、港湾などの大規模プロジェクトを実施した。国土計画の偏在を是正し、過密・過疎・地域格差を解消するためである。この頃から、わが国の社会経済は、公共事業を中心に動いてきたと言われている[1]。その後も、経済成長と利便性向上といった価値観にもとづいて、全国で様々な社会基盤整備事業が行われた。

しかし、日本の社会経済はバブルの崩壊を機に公共事業依存体質の改善を迫られ、それに伴い、国土開発のあり方も問いなおされる形となった。1998年に閣議決定された「21世紀の国土のグランドデザイン」では、一極一軸型の国土構造から脱却[2]し、個性的で魅力的な地域づくりと質の高い自立的な地域社会の形成に向けて[3]、「参加と連携」による国土づくりを実施することを明記している。

国土開発にかかわる政策が変化していくなかで、市民参加の活動は1970年代以降から主にまちづくりの分野において展開をみせはじめる[4]。70年代における日本は、それまでの産業開発政策によって引き起こされた公害問題や、大都市の過密化など国民の居住環境に関する問題が深刻化している時期であった。人びとは、自分たちの居住環境が脅かされていることに対する抵抗から、各地における公害反対運動などとも連動しながら、自らが主体的にまちづくりにかかわっていくための活動を展開した。このような活動がみられたのは、70年代から80年代中盤にかけてであり、まちづくりの勃興期であったとされている[5]。80年代後半からは、地域のなかから実践的な方法が組み立てられ、法制度にも支えられたモデル的な取り組みによって、様々な事例の積み上げによる方法論が形成された時期である。この頃から「地域イベント」や「まちづくり教育」などが、まちづくりの手法として確立された。

1990年代の後半には、阪神淡路大震災の復興まちづくりでの経験をふまえて、地域が主体的に進めるまちづくりが本格的に展開されるようになった[6]。また2006年に国土交通省は、「国土交通省所管の公共事業の構想段階における住民参加手続きガイドライン」を発表し、その冒頭で「身近な社会資本の管理に際して、住民、NPOなどの参画を促進するなど、事業の規模の大小、影響範囲の広狭を問わず、これまで事業者中心に行われていた過程に住民等の主体的な参画を促進することが必要である」と明記している。

国土交通省による「公共事業の構想段階における計画策定プロセスガイドライン」においては、その基本的な考え方について「安全・安心で環境と調和した豊かな社会、生活を支える社会資本の整備を円滑に推進していくためには、事業の構想段階から国民の理解を得ながら進めていく必要がある」と記

している。このような社会的情勢のなかで、参加のプロセス・デザインの重要性が叫ばれるようになり、形式的な市民参加ではなく、どのようにして内容のある参加プロセスを実現するかが課題となっていった[7]。

　道路建設などの社会基盤整備においては、具体的な市民参加の方法のひとつとして、パブリック・インボルブメント(public involvement, 以下、「PI」とする)という手法が行われてきた。PIとは、もともとはアメリカにおける交通計画や交通施設整備における参加プロセスの手法である。ここでのパブリックとは、地権者などの事業に直接的にかかわる住民だけでなく、広く一般市民や行政関係者など、何らかの形で利害が発生する人びとすべてが含まれる。インボルブメントの意味するところは、「全ての関係主体に、計画や施設整備について関心を持たせ、認知させ、コミュニケーションを通じて、計画主体が事前に発見し得なかった計画条件を見い出すこと[8]」にある。この説明からわかるように、一般的に「市民参加」という言葉から連想するような、市民が参加して計画案を策定する方法とはその性質を異にしている。つまりPIは、事業主体が新たな条件を「発見」、あるいは「気付く」ために実施されるものである。

　日本の道路計画などの公共事業においては、その計画がほぼ固まり、中止や変更が困難な都市計画手続きの段階になってから市民に知らされるため、たびたび計画決定をめぐる紛争が起こった。PI手法はこのような問題を解決するために、計画策定の早い段階から広く関係者の意見・意志を調査する時間を確保し、かつ情報提供を行うことにより、多様な意見を反映させながら計画を決定していく方法[9]である。その形式は、アンケート調査やシンポジウム、協議会による討論など様々である。わが国におけるPIの導入事例としては、2002年から始まった東京外かく環状道路(東名高速から関越道区間)におけるPI外環沿線協議会[10]などがある。

(2) 河川環境整備への多様な主体の参画

　河川空間については、1970年代頃からレクリエーション等を行うための

オープンスペース機能や親水性を求める動きが高まる[11]。このような動きを受けて、1980年に河川環境管理基本計画が策定され、翌1981年には、旧建設省河川審議会が建設大臣に対し「河川環境管理のあり方について」の答申を行った。この答申をもとにして、一級河川から河川環境管理計画が策定されていくこととなる。この計画の骨子は、河川区域内の土地利用、環境保全区域の設定等を目的とした河川空間管理計画と、水質・水量の改善等を目的とした水環境管理計画である。NPO多摩川センターの山道省三は、「河川環境管理のあり方について」の答申が、河川整備事業への市民参加の大きなきっかけとなったと述べている[12]。その後、積極的な市民参加による河川整備の先駆けとして、ふるさとの川モデル事業、桜づつみモデル事業、ラブリバー制度などが開始された。

　1997年に改正された新河川法によって、はじめて河川整備事業への市民参加の必要性が法的に位置づけられた。新河川法では、河川管理者が治水・利水・環境を統合した河川空間を実現するための工事等を行う際に、水系ごとに河川整備基本方針[13]と河川整備計画[14]を定めることを義務付けている。旧制度においては、工事実施基本計画のなかで、基本方針、基本高水、計画高水流量、および河川工事の内容などを決定していた。しかし、新制度では、河川整備基本方針において河川の総合的な保全と利用に関する基本方針、および計画高水量や川幅などの河川整備の基本となる事項を定め、河川整備計画において河川整備の目標、および工事の目的や施工個所などの河川整備の実施に関する事項を定めるとしている。河川法では、河川整備計画を定める際に必要な措置として、第16条の第3項、第4項に次のことを明記している。

　　　河川管理者は、河川整備計画の案を作成しようとする場合において必要があると認めるときは、河川に関し学識経験を有する者の意見を聴かなければならない[15]。
　　　河川管理者は、……必要があると認めるときは、公聴会の開催等関係住民の意見を反映させるために必要な措置を講じなければならな

い[16]。

　つまり、河川法の改正により、河川整備の計画を策定するプロセスには、学識経験者のみならず、関係住民の参加が求められるようになったのである。さらに、河川砂防技術基準計画編には、「水・土砂等の国土管理は、そこに住み、活動している国民がその課題と重要性を理解し、課題の解決に向けての主体的な取り組みを行うことによってその効果を最大限に発揮させることができるので、関係行政機関、住民、企業や諸団体との情報の共有及び連携を図ることが重要である」と記している。

　このように、河川や道路などの公共空間整備を進めるにあたっては、そこに暮らす地域住民の声を計画等に適切に反映し、事業を進めていくことが必須の条件となっていった。

第2節　環境配慮型の社会基盤整備

(1) 治水・利水を主眼とした河川整備事業の方法とその課題

　わが国の社会基盤整備において市民参加と並んで重要な課題となっているのが、環境に配慮した事業の展開である。特に河川等の水辺空間では、1990年代頃から環境に配慮した事業が積極的に取り組まれるようになった。その背景にあるのは、戦後の整備事業によって水辺の生態系が大きく変化したことへの問題意識である。

　明治の河川法[17]制定（1896年）以降における治水計画では、河道に流下させるべき洪水流量、すなわち計画高水流量を定め、それにもとづいて川幅や堤防の高さを決定していった[18]。計画高水流量の決定方式として第二次世界大戦後に採用されたのは、何年に一度程度の洪水を対象とするかという確率年の考え方である。この考えでは、河川の重要度に応じて、①10年以下、②10年から50年、③50年から100年、④100年から200年、⑤200年以上の5段階を定めている。たとえば10年に一回発生する洪水よりも、100年に

一回発生する洪水のほうが規模の大きいものである[19]。一級河川の主要区間等において行われるのは、基本的には発生確率年が50年以上の洪水を想定した計画である。このように計画の基本として定められた洪水のことを「基本高水」と呼ぶ。

　基本高水が決定されると、これに対して具体的にどのような対処を行うかが問題となる。すなわち、ダムや河道、あるいは遊水地などの治水施設で、どれくらいの洪水流量を処理するかといったことである。戦後の治水思想にもとづく河道設計では、基本的に計画高水量を流しうる河道断面積があればよいとされた[20]。つまり河川管理者は、現状の河道断面では大量の降雨時にあふれてしまう場合、川幅を拡げる、堤防を嵩上げする、河床を掘り下げるなどの対処法を検討するのである。戦後のわが国では、河川改修が急務となるような都市部などで地価が高騰したため、川幅を拡げる方法はほとんど採用されず、一般的に行われたのは、堤防を嵩上げするか、あるいは河床を掘り下げる方法であった。

　治水と並んで、河川整備の重要な柱となるのが利水である。明治後期以降、経済発展に伴い、東京などの都市部では水の需要は増加の一途をたどった[21]。昭和に入ると、水資源の確保は社会的ニーズとなり、その結果、1964年には河川法が改正され大規模な水資源開発が行われるようになる。改正された河川法では河川管理の目的として、①洪水、高潮等による災害発生の防止、②河川の適正利用、③流水の正常な機能の維持の3つをあげている。特に、2点目の「河川の適正利用」について、利用の対象となるのは河川敷地だけではなく、水面や流水も含まれる。つまり、河川の適正な利用とは、上水道、かんがい、発電等のための流水の利用、河川区域内の土地利用、土石の採取等排他的独占的な利用のほか、舟運等の種々の利用の増進を図ることを意味している[22]。この目的のために、上流にダムを建設するなどして、河川の水量を調節しながら、安全かつ安定した水の利用を実現しようとした。

　上に述べたように、戦後のわが国における河川整備は、全国的に統一された基準にもとづいて、治水・利水を主な目的としながら実施された。そのよ

うな河川行政は、水害発生の頻度や洪水被害を減少させ、またわが国の高度成長の原動力となった[23]。一方で、河川環境は激変し、多様な生き物の生息環境は劣化していった。河川工学者の大熊孝は、戦後の河川整備においては、近代技術を駆使したことによって構造物の強度が増したと同時に、自然の変動・変化を押さえ込んだことによって、川を軸とした人びとのつながりが希薄になっていったと指摘している[24]。戦後、特に高度経済成長期は、河川整備にかかわる科学技術が急激に発展した時代であると同時に、後世における多くの課題を生みだした時代でもあった。

(2) 多自然型川づくりから多自然川づくりへの展開

　治水・利水に主眼を置いた河川整備方針のもとに実施される工法は、護岸や河床をコンクリートで固め、また河道を直線化するものであった。さらに、河川周辺の土地利用のために川幅を狭め、流量断面を確保するために河床を深く掘り下げた。その結果、河川景観は個性のない画一的なものになり、さらに川に住む多様な生物の生息環境や、人びとが触れあうことのできる水辺空間が失われてきた[25]。高度経済成長期以降、居住環境の悪化や公害問題などをきっかけとして国民の間で環境問題についての関心が高まるなか、当時の建設省は、1990年に「『多自然型川づくり』の推進について」の通達をだした。この通達は、その前文に明記しているように、成長社会から成熟社会へと移行しつつある日本において、国民の意識が単なる量的な豊かさの追求から質的な豊かさ、すなわちうるおいやゆとりを求める傾向にあったことを背景としている[26]。「多自然型川づくり」の定義は次のとおりである。

> 「多自然型川づくり」とは、河川が本来有している生物の良好な成育環境に配慮し、あわせて美しい自然景観を保全あるいは創出する事業の実施をいう[27]。

　河川工学者の島谷幸宏は多自然型川づくりの内容として、①河道形態の保

全・復元、②河岸域の保全・復元、③河畔林の保全・復元、④環境影響の軽減、⑤ネットワークおよび大ビオトープの形成、⑥水量および水質の保全・復元、の6項目に分類している[28]。すなわち多自然型川づくりとは、コンクリートなどにより画一的かつ直線的な形状に整備された河川ではなく、それぞれの川のもつ個性を活かした河川整備を行うことである。多自然型川づくりの通達以前にも、当時、横浜市の職員であった吉村伸一(現在、株式会社吉村伸一流域計画室・代表)が手がけた横浜のいたち川や和泉川など、環境再生型の先進的な川づくりが実施されていた。通達は、そのような先進事例をふまえて、生物の生息環境や河川景観に配慮した河川整備の必要性を制度的に位置づけたことになる。以降、国や地方自治体は、河川整備のパイロット事業として、全国各地で「多自然型川づくり」を展開し始めた。

　国は、1997年(平成9年)に河川法を改正し、それまでの主な目的であった治水・利水に加えて、河川環境の整備と保全を明記した[29]。さらに、1997年改訂の河川砂防技術基準(案)は、「河道は多自然型川づくりを基本として計

図1-1　環境に配慮した河川整備の実施事例(横浜市和泉川)

画すること」を明記している[30]。これらの制度整備で義務付けられたのは、河川管理のなかで実施される調査・計画・設計・維持管理を、多様な河川環境に配慮した形で行うことである。1990年の通達以降、パイロット的に実施されていた「多自然型川づくり」は、わが国における河川整備の基本として位置づけられたのである。さらに、国土交通省河川局は、2004年(平成16年)3月に河川砂防技術基準計画編を改定している。河川砂防技術基準計画編第3節の「河川等の適正な利用及び流水の正常な機能の維持並びに河川環境等の整備と保全」は、次のことを明記している[31]。

　　河川等の適正な利用および流水の正常な機能並びに河川環境の整備と保全は、安全で安心して暮らせる生活の確保、及び持続的な社会の発展、国土の有効利用及び環境の保全を実現することを目標とする。このため、河川等のみならず流域を含めて以下の事項の実現を図る必要がある。
　　①河川等の適正な利用及び流水の正常な機能の維持
　　②動植物の良好な生息・生育環境の保全・復元
　　③良好な景観の維持・形成
　　④人と河川等との豊かなふれあい活動の場の維持・形成
　　⑤良好な水質の保全

　ここでは、「多自然型川づくり」の定義にある動植物の生育環境への配慮および良好な景観形成に加えて、自然豊かな河川と人との関係構築の重要性が記されている。

　さらに国土交通省は、河川環境の保全に関する技術や研究を展開するために、1998年に独立行政法人土木研究所自然共生研究センターを設立した。また、1995年には河川生態学術研究会、1997年には水源地生態研究会議が組織されるなど、生態系に配慮した川づくりについての学際的な取り組みが進んだ。

　制度面での整備、および学際的な取り組みの進捗に加え、全国各地での先

行事例によって多自然型川づくりに関する情報が着実に集積されてきたことから[32]、国土交通省は、「多自然型川づくり」の現状を検証し、新たな知見をふまえた今後の川づくりの方向性を定めるために、2005年9月に「多自然型川づくりレビュー委員会（以下、レビュー委員会）」を設置した。レビュー委員会は、河川法やその他の法整備によって、「多自然型川づくり」がすべての川づくりの基本となったと述べた。そこで、特定の地域でのモデル事業であるという誤解を招くような「型」という語を除き、「多自然川づくり」を川づくりの新たな名称として提案した。レビュー委員会は、「多自然型川づくり」での反省点などをふまえた新たな川づくりの視点として、①個別箇所の多自然化から水系全体の多自然化へ、②地域の暮らしと結びついた愛される川づくりへ、③多自然型河川工事から多自然河川管理へ、の3点をあげた[33]。

国土交通省河川局はレビュー委員会の提言をふまえて、2006年（平成18年）10月に「多自然川づくり基本指針」を示した。基本指針による多自然川づくりの定義は以下のとおりである。

> 「多自然川づくり」とは、河川全体の自然の営みを視野に入れ、地域の暮らしや歴史・文化との調和にも配慮し、河川が本来有している生物の生息・生育・繁殖環境及び多様な河川景観を保全・創出するために、河川管理を行うことをいう[34]。

以上のように、河川整備における経済性・安全性偏重に対する反省から、生態系へ配慮し、さらに多様な生物が生息できる環境を積極的に創出していくことが必須の条件となった。すなわち、自然再生プロセスとしての河川整備の推進が求められるようになったのである。「多自然川づくり」では、河川における部分的な生態系への配慮だけでなく、「地域の暮らしや歴史・文化との調和」を含んだ河川全体の営みを視野に入れており、さらに「美しい自然景観」ではなく「多様な河川景観」を保全・創出することを目的としている。その背景には、多自然型川づくりにおいて、「工事個所ごとの対症療法的な多自然型河川工事になっており、水系全体をどのように多自然化していくかとい

う戦略には欠けていた[35]」という反省点があり、この反省をふまえて河川と周辺地域とのつながりを大切にした広い視野での川づくりが求められるようになった。

第3節　生物多様性の保全

（1）生物多様性に関する議論

　環境配慮型の社会基盤整備事業が取り組まれるようになった背景のひとつには、生物多様性の保全に関する国際的な議論がある。1992年（平成4年）にブラジルのリオデジャネイロで国連環境開発会議（地球サミット）が開催された。この会議に合わせて、「気候変動に関する国際連合枠組条約（気候変動枠組み条約）」と「生物の多様性に関する条約（生物多様性条約）」に2つの条約が採択された。日本は1993年（平成5年）の5月に締約国として「生物多様性条約」を締結し、同年12月に条約を発効した。

　「生物多様性条約」は、熱帯雨林の急激な減少、種の絶滅の進行への危機感、人類存続に欠かすことのできない生物資源の消失への危機感などが動機となって、生態系の保全に関する国際的な枠組みを設けるために策定されたものである。この条約では、各国政府は生物多様性の保全と持続可能な利用を目的とした国家戦略を策定することが求められている。

　日本では、1995年（平成7年）に最初の生物多様性国家戦略を策定し、その後、2002年（平成14年）、2007年（平成19年）にそれぞれ見直しが加えられた。さらに2008年（平成20年）には、生物多様性基本法が施行され、生物多様性国家戦略の策定が国の義務として規定された。この法律の目的は「生物多様性の保全及び持続可能な利用に関する施策を総合的かつ計画的に推進することにより、豊かな生物多様性を保全し、その恵沢を将来にわたって享受できる自然と共生する社会を実現し、地球環境の保全に寄与すること」である。2010年（平成22年）には、「生物多様性国家戦略2010」が策定された。この国家戦略は初めての生物多様性基本法にもとづいたものとなった。

生物多様性条約のなかでは、生物多様性には3つのレベルが存在すると明記している。すなわち、①生態系の多様性、②種間(種)の多様性、③種内(遺伝子)の多様性である。生態系の多様性とは、自然林や里山、湿原、河川などの様々なタイプの自然環境が存在することである。また種の多様性とは、様々な動物や植物が生息・生育している状況のことを指す。遺伝子の多様性とは、たとえば同じ種の動植物のなかでも、生息エリアなどの違いによってその挙動に差異がみられること、あるいは個体それぞれの体の模様が異なることである。

このような生物多様性の重要性を示す理念として、生物多様性国家戦略2010は、①すべての生命が存立する基盤を整える、②人間にとって有用な価値をもつ、③豊かな文化の根源となる、④将来にわたる暮らしの安全性を保証する、の4点をあげている[36]。

まず1点目については、人間を含む地球上のすべての生物は、生態系のなかで相互に関係しながら生きている。生物多様性を保全することは、このような生物にとっての絶対的生存基盤を守ることにつながる。

次に「人間にとっての有用な価値」の理念の背景にあるのは、人間が様々な形で生物を利用しながら生きているということである。人間は食料、木材などの直接的な利用から、生物の機能等の産業への応用、農作物の品種改良といった間接的な利用まで、生態系の様々な恩恵を受けながら生きている。つまり、生物多様性を保全することは、これらの人間にとっての有用な価値を守ることにつながっていくのである。

「豊かな文化の根源」は、日本人の自然観のもとに形成されてきた文化の重要性を意味する。日本人は古来より、自然を尊重し、さらに自然と共生しながら、独自の食、工芸、祭事などの文化を築いてきたことから、生物多様性の価値は、日本人の文化的な基盤ともなっている。

最後に4点目の「将来にわたる暮らしの安全性」については、たとえば、植生環境に配慮して不適切な地形の改変等を避けることは、斜面の崩壊の防止にもつながる。また、適切な森林管理による良好な水質の確保は、人びとに安定した飲料水を供給する。つまり地域の生態系に配慮して、それぞれの地

域の自然環境的特色をふまえた環境をつくることは、人びとが暮らすうえでの安全性を確保することになる。

「生物多様性国家戦略2010」では、生物多様性を保全することの重要性について、上述の4点の理念を掲げている。このような生物多様性の価値については、「生態系サービス」という考えを用いる場合もある。生態系サービスとは、生態系が人間社会にもたらすあらゆる便益のことを指す。その便益とは、生態学者の鷲谷いづみによれば主に次の4点に集約される[37]。

①食料や燃料などの資源を供給するサービス
②水の浄化や災害防止など、私たちが安全で快適に生活する条件を整える調節的サービス
③さまざまな喜びや楽しみ、精神的な充足を与えてくれる文化的サービス
④それらのサービスをうみだす生物群が維持されるために必要な一次生産（光合成による有機物の生産や生物間の関係などを支える基盤的サービス）

鷲谷は、人間社会はこれらの生態系サービスの恩恵を受けなければ成立しないと述べる。そのため、生物多様性を保全することは、人間社会の存立のためにも重要な意味をもつと主張する。

このように、生物多様性の保全に関する国際的な関心が高まるなかで、日本国内においても生態系の保全に向けた議論が活発化していった。それと同時に、自然環境や生態系をどのようにして再生・回復していくかということにも関心が深まっていった。

（2）自然再生推進法の施行

生物多様性の保全に向けた議論のなかで、失われた生態系を積極的に取り戻すための自然再生の重要性が論じられるようになった。「生物多様性国家戦略2010」のなかでは、「残された貴重な自然の保全を強化することに加えて、衰弱しつつある生態系を健全なものに蘇らせていくため、過去に損なわれた

自然を積極的に再生することが重要な課題」であると記している。

　2002年に生物多様性国家戦略を見直した際、施策の重要な方向性として自然再生が位置づけられた。2003年（平成15年）に自然再生推進法が施行され、日本国内で自然再生に関する動きが一気に高まった。自然再生推進法のなかで自然再生は次のように定義されている。

　　この法律において「自然再生」とは、過去に損なわれた生態系その他の自然環境を取り戻すことを目的として、関係行政機関、関係地方公共団体、地域住民、特定非営利活動法人、自然環境に関し専門的知識を有する者等の地域の多様な主体が参加して、河川、湿原、干潟、藻場、里山、里地、森林その他の自然環境を保全し、再生し、若しくは創出し、又はその状態を維持管理することをいう。

　この定義の文言のなかでは、自然再生が保全、再生、創出、維持管理の4つのプロセスを含んでいることが示されている。社団法人自然環境共生技術協会は、それぞれのプロセスを次のように定義している。

　　「保全」は良好な生態系が現存している場所においてその状態を積極的に維持する行為、「再生」は生態系が劣化している地域において良好な生態系を取り戻す行為、「創出」は大都市などの生態系がほとんど失われた地域において大規模な緑の空間の造成などによってその地域の生態系を取り戻す行為、「維持管理」は再生された生態系の状況をモニタリングし、その状態を長期にわたって維持するために必要な管理を行う行為[38]

　自然再生推進法の施行から2011年度末までの間で、国土交通省、環境省、農林水産省などが合計26の自然再生事業実施計画を作成している。また、自然再生推進法にもとづいた事業以外にも、様々な機関が自然再生事業を展開している。

第4節　自然環境の複雑性とローカルな価値

　本章の第1節で論じたように、わが国の社会基盤整備では、市民やNPOなどの多様な主体の参加が重要な課題となっている。このことは、自然再生事業においても同様である。自然再生推進法には、「自然再生は、関係行政機関、関係地方公共団体、地域住民、特定非営利法人、自然環境に関し専門的知識を有する者等の地域の多様な主体が連携するとともに、透明性を確保しつつ、自主的かつ積極的に取り組んで実施されなければならない[39]」と明記されている。また、多自然川づくり基本指針においても、地域の生活や文化に根ざした川づくりの推進を宣言している。では、自然再生事業において参加のプロセスを構築することにはどのような意義があるだろうか。

　原科幸彦は、公共計画における多様な主体の参加は、代表民主主義の欠陥を補うための方法であると主張する[40]。わが国では、司法、立法、行政の三権分立により社会が運営される仕組みとなっているが、実際には、政策形成においては行政の権限が強い。政策形成に直接的にかかわる議員や首長は、選挙で国民により選ばれるものの、これらの代表者が個別の問題ごとに民意を反映させることは難しい。

　これらのことをふまえて原科は、代表民主主義による意思決定のシステムが機能不全を起こしていると指摘する[41]。これは選挙制度そのものが抱える課題である。議員や首長は、選挙においては総合的な観点から選ばれ、またその際には個人的な魅力や能力、利害関係など多様な要素が関係する。代表民主主義は、代表者の定数の問題なども含めて、「構造的に住民の多様な意見を反映させるようにはなっていない[42]」のである。この結果、国政においても地方においても、議会の判断と世論の間にしばしば乖離が生じる。つまり市民参加は、公共計画における民意と政策の乖離を克服するための方策として位置づけられるのである。

　自然再生事業で参加のプロセスが求められるのは、原科が述べるような制度的欠陥を克服することに加えて、いくつかの重要な理由がある。

　ひとつは、自然環境の複雑性への対応である。自然再生のように、複雑な

生態系のシステムを再生していこうとする試みでは、科学技術の根源的不確実性が存在することが知られている[43]。たとえば河川の生態系は、洪水などによる攪乱とその後の更新を繰り返し、ダイナミックに常に変化しながら平衡を保っている。また、土などの無機的環境と生物との関係、および生物相互の関係は極めて複雑であり、それらに対する人間の知見は非常に限られているからである。そこで、自然再生のプロセスにおいて、地域社会で人びとが生活を営むなかで蓄積されてきた知恵や知識は、応用生態学などの分野で前提となっている科学的知見の不確実性を補うものとして期待されている[44]。

地域の人びとの生活のなかで蓄積されてきた情報や知識は、「ローカル・ナレッジ（生活知）」という言葉で表現されることがある。藤垣裕子は、ローカル・ナレッジを次のように定義している。

> 人びとがそれぞれの生活や仕事、その他の日常的実践や身の回りの環境についてもっている知識。特定の知識や実践の現場の文脈に固有のものであり、①文脈を超えた一般性をもたず、②文脈を共有しない外部の者には通常知られていないという意味で局在的(local)な知識[45]。

茨城県・霞ヶ浦における自然再生の取り組みでは、子どもたちが地域の高齢者に、昔の生態分布に関する聞き取り調査を実施している[46]。霞ヶ浦における詳細な生態調査のデータは、最も古いもので1972年から1974年のものであり、1960年代以前の情報は残っていなかった。そこで、子どもたちが、生態系に関する地域住民のローカル・ナレッジをヒアリング調査によって掘り起こした。地域住民らは、調査結果を霞ヶ浦の再生目標に関する貴重な情報として共有した。

自然再生事業に多様な主体の参加が求められるもうひとつの重要な理由は、ある地域空間や自然環境に固有のローカルな価値を明らかにするためである。前述した生物多様性国家戦略の理念に「豊かな文化の根源となる」という文言があることからもわかるように、わが国における自然再生について考

えるうえでは、人間活動と自然環境とのかかわりを切り離して考えることはできない。人びとは、地域の自然環境に様々な形でかかわっている。たとえば河川空間においては、運搬・輸送、漁労、洗濯・炊事、信仰・風習、レクリエーション活動など、そのかかわり方は多様である。また時に自然環境は、人為的改変によってその姿や性質を変えていく。つまり、地域の自然環境のなかには、人びとと自然環境とのかかわりの歴史的蓄積がある。そのような空間に刻まれた歴史性について、哲学者の桑子敏雄は次のように論じている。

　　身体の置かれた空間を「モノと心を媒介するものとしての空間」ということができるのは、自己をとらえるひとつの立場からの帰結である。それは、「空間でのこの身体の配置」を「わたし」ととらえる立場から導かれる。配置の概念によって、自己と世界との不可分な関係を示すことができる。さらに、この「空間」は歴史的なできごとによってさまざまな意味づけを与えられている空間である。つまり、空間は歴史性をもつ。空間の歴史性をわたしは「空間の履歴」という概念で表す[47]。

　桑子は、この「空間の履歴」が空間の豊かさの指標であると述べ[48]、グローバルな価値基準ではなく、ローカルな視点に立って空間の価値を見出そうとするときに不可欠な概念とした。空間の価値は、必ずしも経済的価値や学術的価値といった客観的な指標によって、計測することができるわけではない。その空間が、そこで暮らす人びとにどのように捉えられ利用されてきたのか、さらに人びとの行為がどのような形で空間に刻まれているのか、といったことを見極めることによってはじめて、その空間に固有の価値を見出すことができるのである。たとえば、人びとにとって「何だか心安らぐ場所」や「昔から親しみのある場所」には、経済的・学術的価値以外の何か重要な価値が存在するはずである。このような歴史的に蓄積されてきた空間と人びととの関係は、「履歴」として空間のなかに刻まれている。したがって「空間の履歴」は、そこに暮らす人びとの履歴と密接に関係している。ある地域空間に

おける固有の価値は、多様な人びとの体験や語りを蓄積していくなかで明らかになるのである。

　自然再生事業への多様な主体の参加は、自然再生の目標設定に貢献しうるローカル・ナレッジと、グローバルな価値基準では必ずしも推しはかることのできないような地域空間に固有の価値を掘り起こす重要なプロセスとして位置付けることができる。

　本章では、社会基盤整備事業における市民参加の動向と環境に配慮した公共空間整備の展開の歴史的経緯、および自然再生事業に関する法制度を概観した。そのなかで、自然再生事業に多様な主体が参加することの意義について考察した。自然再生事業における多様な主体の参加プロセスは、代表民主主義の抱える欠陥を補完するという目的に加えて、①改変後の予測が難しい複雑な自然環境についてのローカル・ナレッジの掘り起こすこと、②グローバルな価値基準でははかることのできない地域に固有の価値を発見すること、の2点において重要な意味をもつ。

　一方で、多様な主体が関与する事業プロセスで懸念されるのは、意見や価値の対立の可能性、さらには当事者間の紛争である。そのような状況は、事業推進の大きな障害となることもある。そのような事態を防ぐのが合意形成の技術である。次章では、自然再生事業において求められる合意形成のあり方について論じる。

■註
1　五十嵐敬喜、小川明雄：公共事業のしくみ、東洋経済新報社、pp.72-76、1999。
2　「21世紀の国土のグランドデザイン」では、「北東国土軸」、「日本海国土軸」、「太平洋国土軸」、「西日本国土軸」の4つを新しい軸とした多軸型の国土構造に転換することにより、国土の均衡ある発展を目指した。
3　国土庁計画調整局(監修)：21世紀の国土のグランドデザイン、時事通信社、pp.84-91、1999。
4　中沢篤志、鳴海那碩、久隆浩、田中晃代：日本における住民参加型まちづくり

論の変遷に関する研究、日本建築学会大会学術講演梗概集、pp.627-628、1995.8。
5 日本建築学会（編）：まちづくりの方法、丸善株式会社、p.13、2004。
6 前掲（日本建築学会、2004）、p.35。
7 日本建築学会（編）：参加による公共施設のデザイン、丸善株式会社、pp.9-10、2004。
8 合意形成手法に関する研究会（編集）：欧米の道づくりとパブリック・インボルブメント、ぎょうせい、p.151、2001。
9 東京都：東京都都市計画用語集、東京都生活文化局広報広聴部広聴管理課、pp.208-209、2002。
10 国土交通省東京外かく環状国道事務所ホームページ（http://www.ktr.mlit.go.jp/gaikan/index.html）。
11 環境省自然環境局生物多様性センターホームページ（http://www.biodic.go.jp/cbd/s1/l/kasen/1.pdf）。
12 山道省三：多自然川づくりに関する住民参画と協働について、水環境学会誌、No.51、Vol.7、pp.14-17、2008。
13 河川法第16条「河川管理者は、その管理する河川について、計画高水流量その他当該河川の河川工事及び河川の維持についての基本となるべき方針に関する事項を定めておかなければならない」。
14 河川法第16条2項「河川整備基本方針は、水害発生の状況、水資源の利用の現況及び開発並びに河川環境の状況を考慮し、かつ、国土形成計画及び環境基本計画との調整を図つて、政令で定めるところにより、水系ごとに、その水系に係る河川の総合的管理が確保できるように定められなければならない」。
15 河川法第16条3項。
16 河川法第16条4項。
17 政府は、明治29年にわが国で初めての河川法を制定した。これにより、河川、河川内敷地、流水についての私権を排除すること、および都道府県知事は国の機関として河川管理を行うことなどを定めた。さらに河川法の制定に続いて、明治30年には森林法、砂防法が制定され、いわゆる治水三法が誕生する。これにより、同じ河川、同じ水系においても、下流と上流の水源地とでは別の行政機関が管理するという、河川事業の分業化がはじまったのである。伝統的に一体のものと捉えられてきた治水事業と治山事業とが、制度的に分断されることとなったのである。
18 明治以前の日本においては、舟運は主要な交通手段であった。そのため治水事業は、ただ水害を防ぐためだけではなく、円滑な交通機能を実現するといった大きな役割も担っていた。そのため、河川改修工事では、平水時および渇水時の低水路の水量を安定させるための低水工事が施されていた。しかし、明治20年代に入ると、それまで伝統的に行われてきた低水工事に対する批判の声が高まる。明治政府が実施した地租改正により土地が乱売され、森林が荒廃すると同時に、日本社会の経済構造が変化した。富国強兵と殖産興業策の第一歩として行われた地租改正は、

全国的に地主層を形成し、国民の土地利用に関する価値観を激変させた。このような社会状況と重なって、明治15年前後から、日本各地で水害が頻発するようになる。さらには、鉄道技術の普及により、それまでの主要交通手段であった舟運は衰退していった。このような経緯から、わが国における河川整備方法に対するニーズは、それまでの低水工事から、連続堤を設けることにより洪水を防御することを主目的とした高水工事へと移行していった。

19 このような確率年による表現は、しばしば人びとの誤解を招きがちだという指摘もある。景観生態学等の分野で研究を実践する中村太士は、「100年に1回の洪水が100年間に1回以上起こる確率は、63%あり、全く起こらない可能性も37%ある。また、100年に1回の洪水が100年間に2回以上起こる可能性も26%ある。このように、確率論は一見、数学的手法を用いた科学的基準であり、わかりやすく聞こえるかもしれないが、その算出方法や内容には多くの問題が残されている」と述べている。
中村太士：流域一貫、築地書館、pp.23-24、1999。
20 大熊孝：増補 洪水と治水の河川史、平凡社、p.24、2007。
21 富山和子：水と緑と土、中公新書、pp.35-36、1974。
22 建設省河川局水政課監修、河川法令研究会編著：よくわかる河川法、ぎょうせい、pp.34-36、1996。
23 芦田和男、江頭進治、中川一：21世紀の河川学、京都大学学術出版会、pp.19-20、2008。
24 内山節、大熊孝、鬼頭秀一、木村茂光、榛村純一：ローカルな思想を創る、社団法人農山漁村文化協会、p.122、1998。
25 多自然川づくり研究会編：多自然川づくりポイントブック、財団法人リバーフロント整備センター、p.4、2007。
26 建設省：「多自然型川づくり」の推進について（前文）、1990.11。
27 建設省：「多自然型川づくり」実施要領（第二定義）、1990.11。
28 島谷幸宏：河川環境の保全と復元、鹿島出版会、pp.43-185、2000。
29 河川法［昭和39年(1964年)7月10日法律第167号］最終改正［平成17年(2005年)7月29日法律第89号］第1条『この法律は、河川について、洪水、高潮等による災害の発生が防止され、河川が適正に利用され、流水の正常な機能が維持され、及び河川環境の整備と保全がされるようにこれを総合的に管理することにより、国土の保全と開発に寄与し、もつて公共の安全を保持し、かつ、公共の福祉を増進することを目的とする』。
30 第1回「多自然型川づくり」レビュー委員会、資料2、p.6。
31 国土交通省河川砂防技術基準計画編(2004年3月6日改定)。
32 たとえば、1998年3月に発行された「多自然型川づくり―施工と現場の工夫―」（財団法人リバーフロント整備センター発行）などがある。
33 第2回「多自然型川づくり」レビュー委員会、資料4。

34 国土交通省河川局：「多自然川づくり基本指針」、2006。
35 前掲(「多自然型川づくり」レビュー委員会)、資料4。
36 環境省編：生物多様性国家戦略2010、2010。
37 鷲谷いづみ：生物多様性入門、岩波書店、p.20、2010。
38 自然環境共生技術協会：よみがえれ自然―自然再生事業ガイドライン、環境コミュニケーションズ、2007。
39 自然再生推進法[平成14年(2002年)12月11日法律第148号]第3条2項。
40 原科幸彦：公共計画における参加の課題、in市民参加と合意形成(原科幸彦編著)、学芸出版社、p.11、2005。
41 前掲(原科、2005)、p.12。
42 前掲(原科、2005)、pp.12-13。
43 広瀬利雄監修、応用生態工学序説編集委員会編：自然再生への挑戦、学報社、pp.4-5、2007。
44 鷲谷いづみ、鬼頭秀一編：自然再生のための生物多様性モニタリング、東京大学出版会、pp.31-33、2007。
45 藤垣裕子編：科学技術社会論の技法、東京大学出版会、p.273、2005。
46 NPO法人アサザ基金編：アサザプロジェクト流域ぐるみの自然再生、NPO法人アサザ基金、pp.87-100、2007。
47 桑子敏雄：環境の哲学、講談社学術文庫、p.21、1999。
48 桑子は、「ひとの人生の豊かさとは、ひとの履歴の豊かさであり、それはその人の配置によって与えられる」としたうえで、「わたしの履歴の内容は、わたしの身体が配置される空間の履歴に大いに依存する．この点でも、わたしの経験の豊かさ、人生の豊かさとわたしが配置された空間の豊かさとは深いつながりをもつ．人生の豊かさ、心の豊かさを問うことは、空間の豊かさを問うことから切り離すことができない」と論じている。
前掲(桑子、1999)、pp.30-33。

第2章　自然再生事業の創造的展開に向けた課題

　自然再生事業に多様な主体が参加する機会は重要な意味をもつ一方で、事業に参加する主体が多様になればそれだけ紛争や対立の可能性も増す。そこで必要となるのが、多様な意見や価値観が存在するなかでひとつの提案をつくり上げていくための合意形成の実践である。本章では、合意形成プロセスの基本的なステップを概観した後、自然再生に求められる合意形成のあり方について考察する。さらに、合意形成マネジメントの実践者が直面する重要な課題を示す。

第1節　合意形成プロセスの基本ステップ

(1) ステークホルダーとその意見・利害のアセスメント

　合意形成(Consensus Building)における重要な初期作業は、どのようなステークホルダー（stakeholder：利害関係者）が存在するかを調査し、合意形成のための場に適切な人びとを集めることである。アメリカで合意形成手法について研究を展開するL.E.Susskindは、コンセンサス・ビルディング手法[1]の第1のステップとして、適切にステークホルダーを招集することを位置づけている[2]。ステークホルダーの特定は、市民参加型公共事業において当該事業が正当性を確保するための重要な作業である。たとえば、道路建設事業の場合、建設予定地に住む人びとが、事業計画にかかわる話し合いに参加していなければ、いくら市民と行政の間で合意が形成されたからといって、それ

は適切なプロセスであるとは言えない。

　さらに、招集の段階で重要なのは、事業によって何らかの影響を受ける人びと、あるいは事業内容に関心のある人びととの利害関係について事前評価を行うことである。ステークホルダーが事業に対して肯定的か否定的か、具体的に事業についてどのような意見や考えをもっているか、またそれぞれの意見にどのような違いがあるのかといったことを分析するのである。Marjan van den Beltは、合意形成プロセスを構築する準備段階において、ステークホルダーに簡単なインタビューを行い、将来的に発生しうる問題についての見通しをつけておくことの重要性を論じている[3]。このような作業はアセスメント、あるいはコンフリクト・アセスメントと呼ばれる。

　コンフリクトの状態とは、萩原らによれば、「①複数の意思決定主体が存在し、②一部またはすべての意思決定主体の望む状態が異なり、③意思決定者らが状態を改善する意志、あるいはそのための機会やきっかけがない、もしくは動機が決定的でない[4]」といった不幸な状態である。合意形成プロセスにおいては、このような紛争の状態を回避、あるいは克服していくことが必須となることから、合意形成マネジメントで求められるのは、事業にかかわるステークホルダーを特定しながら、事前に地域の様々な立場の人びとや事業主体を含むステークホルダー間のコンフリクトの有無についてアセスメントを実行することである。さらにアセスメントの結果をふまえながら、その後の具体的なプロセス・マネジメントの方策を決定していかなければならない。

（2）ステークホルダーの多様性をふまえた話し合いの場の設定

　コンフリクト・アセスメントを行った後、合意形成プロセスは、ステークホルダー間の話し合いのステップへと移っていく。話し合いの方法に関しては、参加者を限定する形、たとえば代表者による協議会のような形式、もしくは誰でも自由に参加することのできるオープンな方法など様々な形式が考えられる。

参加者を限定した場合、適切に参加者を選定することさえできれば、重要なステークホルダーの意見を深く聞くことができ、また議論の焦点を絞ることができることから、効率的な話し合いが実現できる。しかし、話し合いに参加する資格を与えられなかった人にとっては、直接的に意見を述べる機会がなくなってしまい、場合によってプロセスに対して不平や不満が残る結果となる。

自由参加のオープンな場を設定した場合には、事業に関心のある人に公平に参加・発言の機会が与えられ、適切に話し合いの場をマネジメントすればプロセスに対する満足度は向上する。その一方で、事業に深くかかわる本当に重要なステークホルダーの意見などが、その他の人びとの声によってかき消されてしまう可能性もある。

自然再生事業ではどのように話し合いの場を設定すればよいだろうか。自然再生には、直接的にも間接的にも多様なステークホルダーが存在する。河川再生事業を例に考えてみれば、流域住民や周辺の地権者などはステークホルダーとして容易に特定できるものの、上流側の森林や田んぼ、あるいは下流の湖や海などで活動する人びとなど他にも多様なステークホルダーをあげることができる。これらの人びとは、河川の本質的な構成要素である水、あるいは水と共に移動する土砂[5]を媒介として河川空間と深くかかわっている[6]。

河川には分水嶺を境とした集水域の水が集まり、集まった水は上流から下流へと流れていく。森林や田んぼ、まちなどを通った水が川をつたって湖、海へと流れ、その途中でまちにおける水利用と排水の状況、森林の管理状況などが河川の環境に影響する。たとえば河川上流での水質悪化は、負荷となって下流へ流れることにより、湖や海の環境に打撃を与えることもある。「流域一貫」の思想を提案する中村太士は、北海道・釧路湿原などの事例を取り上げ、河川内だけでなく、周辺の土地利用とその社会的背景を広く捉えながら、河川環境を考えることの重要性を指摘している[7]。

以上のような理由から、河川などの自然再生事業におけるステークホルダーを厳密に特定することは困難である。したがって合意形成に向けた話し合

いの場は、広く開かれたものであることが望ましい。流域住民や地権者が重要なステークホルダーであることに変わりはなく、それらの関係者に積極的に参加を呼びかけることはもちろん不可欠な作業である。さらに事前に想定される利害関係に関するアセスメントも、その後の合意形成プロセス構築にとっては重要な作業である。しかし、自然再生事業はその事業影響範囲が広大かつ曖昧であることから多様なステークホルダーが存在する。そのため、事前のアセスメントで完全にステークホルダーを特定することは困難である。そこで必要となるのは、事前に把握できる重要なステークホルダーに十分なアウトリーチを実施しながらも、潜在的なステークホルダーについても適切に対応できるような開かれた場を設定することである。参加の場の具体的な設定方法については、地域や事業の特性をふまえながら決定していく必要があり、合意形成プロセスにおける重要な検討項目である。

(3) 合意形成に向けたワークショップの運営

第1章で論じたように、自然再生事業における参加の意義は、自然環境の複雑性に対応し、地域に固有の価値や情報を掘り起こすことである。そこで参加者間の対話を基礎として、創造的な課題解決案を模索するための方法としてワークショップ方式[8]をあげることができる。

ワークショップの定義に関しては、錦澤滋雄は次に示す2つの要件と3つの特性をあげている[9]。要件の1点目は、双方向性と連続性のある「対話」である。意見のやりとりが活発に行われることのない講演などはワークショップではなく、参加者の間での相互的な意見のやりとりが基本となっている。また、意見を述べるだけで終わるのではなく、継続的に対話を繰り返しながら参加者の学習を支援する効果も期待される。2点目の要件は、「体験」である。「美術ワークショップ」や「演劇ワークショップ」といった方法では、手や体を使った表現動作を通じて、他者への理解を深めることを意図している。

上の要件を支えるのが、参加者の「対等性」、情報の「共有性」、プログラムの「柔軟性」の3つの特性である。対等性確保のために必要なのは、グループ

の編成による人数の調整や、意見集約方法の工夫により、参加者全員に均等に発言の機会が与えられるなどの配慮をすることである。共有性とは、いくつかのグループに分かれて話し合っても、グループごとの成果を全体で報告し、情報の共有化を図ることによって学習効果を高めることである。また、柔軟性は、議題、地域の個性、参加者の特性などに応じて、多様な手法を組み合わせてプログラムを設計できることである。

　まちづくりの実践的な研究を展開する延藤安弘は、様々な価値観や意見が交錯するまちづくりの現場において、十分に工夫のされたワークショップによって独創的な合意が形成された事例をふまえて以下のように述べている。

　　ワークショップとは、水平的関係にある各主体が、現実の住環境の一場面のあり方をめぐって、知恵を出しあい、相互に誘発しあい、意識を変容しつつ、建築・まち育てへの共通の展望をわかちあう、問題解決と創造活動における一連の協働プロセスのことをいう[10]。

　ワークショップでの話し合いによってよい結果を生むためには、話し合いの進行やとりまとめをいかに行うかが問題となる。そこで重要な役割を担うのが、「ファシリテータ」である。ファシリテータは、参加者を議論に集中させ、話し合いのプロセスにおいて議論があるべき方向から逸れていかないように注意しながら、出てきた意見をまとめあげていく。ファシリテータには、人びとの発言やふるまいのなかから、適切に情報を拾い上げ、それを参加者の間で共有し、ひとつの提案に結び付けていくための道すじを示すことが求められる。この意味で、自然再生事業における合意形成を実現するうえで極めて重要な役割を担っている。

　ワークショップにおけるファシリテータの重要な仕事のひとつは、人びとに意見の意図をたずねることである[11]。無記名投票の場合とは異なり、この作業によって発言者は、周りの人びとも納得できるような正当性をもった内容の発言を求められる。ここで自分の利益だけを考えた意見を述べたなら、他の参加者の賛同は得られない。ともすれば非難の対象ともなりうる。

「対話」を基本とするワークショップは、人びとの利己的な選好への焦点化を緩和する。また、参加者から出た様々な意見は、合意形成のための議論の基礎となる。したがって、参加者が把握しやすいような形に整理されることが望ましい。多様な意見のなかに構造を見いだし、議論のための素材として適当な形に提示しなおすことは、ファシリテータの重要な仕事である。

(4) 合意事項の実行

　ある計画案について合意に至ったからといって、合意形成プロセスが終了するのではなく、合意した事項をいかにして実行するかという重要な問題が残っている。このことを十分に検討しておかなければ、その後の事業プロセスにおいて、合意案と成果物のギャップからステークホルダー間で紛争が生じる可能性がある。そうすれば、それまでにどれだけよい話し合いを積み上げても意味がなくなってしまう。また、自然再生や道路建設などの社会基盤整備事業は、ステークホルダーが不特定多数にのぼることや、建設しようとする構造物の規模、あるいは事業そのものの規模が大きいことから、事業期間が長期にわたることが多い。そのため、合意形成プロセスにおいて重要となるのは、話し合いを実施した時点から、その後に状況が変化した場合にどのように合意案を再検討・修正していくかということである。

　合意案の実行について、Susskindらは「ほぼ自動執行」が可能な案を作成することが望ましいとして、以下のように述べている。

　　「将来どちらに転ぶかわからないことがら」を予測できる場合には、条件付きの合意をパッケージ提案に組み込むことができる。たとえば、Xが起こればこれとこれをする、Yが起こればあれとあれをする、といったようなものである[12]。

　つまり、話し合いの時点で後々に生じる可能性のある変化やリスクについてあらかじめ検討し、その対応についても合意形成を図っておくのである。

言い換えれば、合意事項を実現するための複数の道すじを考える。そうすることで、あるひとつの合意案についてそれをとりまく状況変化が生じた場合でも、ステークホルダーを再招集する必要がなくなり、事業を円滑に実行することができる。このことがSusskindらの述べる「自動執行」の意味である。

では「ほぼ自動執行」の「ほぼ」はどのようなことを意味するのだろうか。Susskindは次のように述べている。

> 各参加者からできるかぎり多くの約束を引き出すことで、できるかぎり厳しい、確固たる合意にしなければならないが、必要に応じて再度集まり、合意の中身をもっと改善できる余地を持たせておくことも、また必要なのである[13]。

この言葉が表すのは、合意事項の実施が適切に行われているかということをチェックすることの重要性である。合意形成プロセスでは、話し合いのなかでできるだけ先のことを予測し、自動執行が可能な合意案を目指しながらも、実施段階で予測できなかった事態が発生する場合のこともふまえて再招集のしくみをつくっておくことが重要である。

第2節　創造的合意形成とプロジェクト・マネジメント

自然再生事業における参加プロセスの意義、および前節で論じた合意形成の基本的なステップをふまえると、合意形成プロセスは決して説得や利害調整の場として捉えられるべきものではないことが理解できる。本節では、自然再生事業における合意形成を、地域の人びとの多様な価値観や異なる意見の存在を認め、様々な対立を協働によって克服しようとする努力のなかで独自性のある計画案を実現するための創造的なプロセスとして捉える視点を示す。さらにそのような創造的合意形成をプロジェクトとしてマネジメントすることの必要性を示す。

(1) 多数決方式の限界

　不特定多数の人びとがかかわる社会基盤整備事業では、すべての人が満足できるような結果を得ることは容易ではない。しかし、ある決定に至るまでのプロセスをどのように組み立てるかによって、結果に対する人びとの満足度を向上させることは可能である。つまりどのような手続きのもとに決定がなされたかということが重要な問題となる。

　藤井聡ら[14]の行った研究では、集団意思決定においては、決定内容に加えて、どのような「決め方」が行われたかということが、結果に対する人びとの満足度に大きく作用するとしている。意思決定の結果に対して満足している人びとにとっては、その決定のプロセスがどのような手続きで行われたのかということは大きな関心事とはならない。結果さえよければ、多くの人が話し合いで決めようと、誰かひとりが独断で決めようと、それほど関係のないことなのである。

　しかし、決定の結果が自身の思いと一致しなかった人びとにとっては、どのような手続きで意思決定を行ったかということは重要な問題となる。すなわち、誰かにとって不利な結果がどうしても生じてしまうような時にこそ、意思決定手続きの公正性が大きく問われることを意味する。

　藤井[15]は、不特定多数の人びとがかかわる社会基盤整備事業の参加プロセスでは、必然的に「社会的ジレンマ」の危険性が潜んでいると指摘している。社会的ジレンマとは、次のような状況を指す。

①皆が他人に迷惑をかけようが、他人が得するようにふるまおうが、それとは関係なく、常に他人に迷惑をかけるような行動をしたほうが、私は得をする。
②しかし、皆が自分の利益を考えて行動した時のほうが、皆がそうしない場合よりも、一人一人の利益は小さくなってしまう。

　たとえばAという人が、電車のなかで携帯電話を使いたくなった時、周り

の目を気にせずに使うと、Aの満足感は増す。それは、車内にいる他の人が同じように電話を使っていても、Aの満足度が増すことは変わらない。つまり、他人の行動とは無関係に、Aは携帯電話を使うことで得をするという状況である。

　また、人びとが電車のなかで自分の利益だけを優先して携帯電話を使用している状況であれば、たとえばある人が本を読みたいと思った時に、うるさくて集中できないだろう。このような状況は、車内の他の人びとにも起こりうる。つまり、自分の利益だけを考えて行動するよりも、マナーを守ってまわりへ気遣いをしたほうが、多くの人が快適に電車のなかで過ごせるようになる。

　この社会的ジレンマが、社会基盤整備における「総論賛成・各論反対」を生み出している。「廃棄物処理場が必要なのはわかっており建設自体には異論はないが、自分の家の裏にできるのには反対だ」といったような状況である。このような状況はNIMBY（Not in my back yard）という言葉で表現されたりもする。

　社会的ジレンマが生じうる社会基盤整備事業においては、どのような「決め方」を実施するかということが市民の納得を得るためのカギとなる。藤井らの研究によって、多数決、くじ引き、話し合い、の3つの決定方式のうち、人びとにとって利己的損失がある場合でもない場合でも、結果に対する満足度は話し合い方式が最も高いことが明らかになっている。また決定方式として最も満足度が低かったのは多数決方式であった。この結果の背景には、利害得失に対する焦点化の程度の差異がある。藤井らは、結果に対する満足度が最も低く出た多数決方式は、人びとの利己性を強く活性化する可能性を有していると結論づけた。さらに多数決方式の問題は、一人ひとりの選好の表明は要請するが、その選好の内実が利己的なものであるか社会的なものであるかを問わないことであるとしている。

　このような多数決方式の抱える問題については、Susskindらも次のように指摘している。

多数決ルールこそが意思決定の基本原則でなければならないという信念……は、過半数に幸せをもたらすことに注目していたのであって、その裏側、つまり不幸な少数派の人びとについてはあまり関心を抱いていなかった。この不幸な立場にある少数派は、あきらめてその場を去ることが前提とされている[16]。

　多数決方式は、提示されたひとつの提案に対する是非を問うのみで、理論的には実現可能な「より望ましい結論」へと至ることなく妥協することを人びとに強いる。つまり、話し合いに参加する人びとの相互利益の最大化を想定していないのである。前章では、自然再生事業において、多様な主体の多様な視点から空間の価値を見いだし、それを事業に反映させていくことの重要性を述べた。ある視点から捉えられた空間の価値は、少数派であるからといった理由で捨象されるべきものではない。むしろ少数派の意見表明を契機にして、多くの人びとがそれまで気づくことのなかった価値を見出していくことが重要な作業となる。

　以上のことから、民主主義の代表的な決定方法である多数決方式は、自然再生の参加プロセスにおける決定方法としては適切ではないと考えることができる。その理由は、多数決方式は話し合いに参加する人びとの利己的な主張を緩和することなく、新たな価値の発見の可能性を排してしまうからである。

（2）創造的なプロセスとしての合意形成

　多数決方式に依ることなく、適切に集団的意思決定を実現するために必要なのが、多様な意見や考え方があるなかで、事業にかかわる人びとが話し合いながら共に納得のいく案を模索するプロセスとしての合意形成である。ただ、「合意形成」の捉え方は、実践される場面や分野で様々である。合意形成学を展開する猪原健弘が述べているように、「合意形成」という言葉の定義は決して一様ではない[17]。ここでは第1章における参加の意義に関する議論を

ふまえながら、自然再生事業に求められる合意形成のあり方について考察する。

　合意形成は、取り扱う事例や想定する場面によって、2つのタイプに分類される。ひとつは、医療現場など特定の関係者間における合意形成である。もうひとつは、社会基盤整備などの利害関係者が不特定多数に及ぶ場合の合意形成である。桑子は、前者を「グループ内合意形成」、後者を「社会的合意形成」と呼んでいる[18]。自然再生事業における合意形成はいわば「社会的合意形成」の実践にほかならない。

　Susskindによれば、合意形成(Consensus Building)とは、「意見の一致(agreement)」を追求・模索するプロセスである[19]。この定義には、「すべての利害関係者のインタレストを満たそうとする努力」という意味合いも含まれている。インタレスト(interests)は、「利害[20]」あるいは「関心・懸念[21]」と訳すことができる。Susskindは、合意形成プロセスで求められるのは、ある合意事項について、異なるインタレストをもつ人びとが我慢や妥協をするのではなく、どうすればその人たちのインタレストもふまえた合意を形成することができるかということを追求していく姿勢であると述べる。Susskindはそのうえで、最終的に「全員一致」あるいは「大多数の同意」を目指すことを「合意形成」としている[22]。

　しかし、合意形成では全員一致を目指さないという考えもある。「合意形成手法に関する研究会」は、広域的なインフラ整備における合意形成とは、完全な合意を得るためのものではなく、「事業者……が正当な意思決定を行うための必須のプロセス[23]」として捉えている。すなわち、市民等が参加する話し合いの場で、事業に関する決定を行うのではなく、あくまで事業主体が意思決定を行うための重要な情報収集の場として、合意形成プロセスを捉えているのである。このような合意形成の具体例として、本書の第1章で紹介したPI方式がある。PI方式では、基本的に意見の一致をみなくともよいというスタンスをとる[24]。PIの核心は、反対者を賛成に変えることではなく、人びとに広く意見を表明できる機会が提供され、関係者間で意見が違うことや、なぜ意見が異なるかを理解することにある。したがって、あくまで意見

第2章　自然再生事業の創造的展開に向けた課題　45

の一致を追及するSusskindのスタンスとは異なる。

　意見の一致は「同意」という言葉で表すことができる。「合意」と「同意」の二つの言葉の間にある意味の違いはどのようなものであろうか。合意形成に関心をよせる行政担当者、コンサルタント、学識経験者などで結成された「合意形成マネジメント協会（以下、「CaPA」とする）」の理事長を務める百武ひろ子は、「納得」と「説得」という言葉のもつ意味を用いて、次のように述べている。

> 「合意」と「同意」との違いを浮き彫りにする言葉として「納得」と「説得」という言葉がある。……「説得」とは、「説いた方が得」をするもの……。この表現はまさに「説得」のもっている押しつけがましさを端的に言い表している。同意を取りつけるため、つまり意見を同じにしてもらうため、人は「説得」する。説得した方は文字通り得意満面であるが、説得された方は多くの場合「丸め込まれた」と感じてしまう。一方……「納得」は「得」をそれぞれの人びとが心のうちに納めることと解釈できるのではないだろうか[25]。

　百武が主張するのは、合意形成では、複数の意見のなかのひとつを取り上げて、他の意見を押さえ込むべきではないということである。百武は、「納得」するのは合意形成プロセスに参加する人びとであり、「納得」は「結果」に対するものと、「プロセス」に対するものとがあると述べる。このような議論をふまえて、CaPAでは合意形成を次のように定義している。

> 多様な価値観の存在を認めながら、人々の立場の根底に潜む価値を掘り起こして、その情報を共有し、お互いに納得できる解決策を見いだしてゆくプロセス[26]。

　CaPAによるこの定義の特徴は、全員一致を目指すのでなく、かといって様々な意見を集約するためだけでもない「多様な価値」を内包した「互いに納

得できる解決策」を見出すためのプロセスだという点である。このCaPAの定義は、前述のSusskindの定義とPI方式のいずれとも若干異なり、全員一致ではなく、意見の多様性を内包したひとつの提案をつくりあげていくという考えである。

　同様に、社会学者の今田高俊は、人びとの自律性や個性を認めながら、さらにそれらを関係付けながら合意を形成していく視点として「社会編集」という言葉を用いている[27]。今田は合意形成とは、全員一致を前提条件としたり、あるいは過半数を決定のラインとするのではなく、反対意見をもった人びとの割合を減らしていくための努力のプロセスであると述べる。

　自然再生事業に多様な主体が参加することの意義は、ただ紛争回避や事業の円滑な推進を実現するだけでなく、自然環境の複雑性に対応するために地域のなかに蓄積されたローカル・ナレッジを掘り起こすこと、さらに地域に固有の多様な価値を掘り起こし、さらにそれらを事業の計画に組み込んでいくことであった。したがって合意形成プロセスの意義は決して、事業主体の思惑や既存の学術的・普遍的論理の実現のためにステークホルダーを啓蒙することではない。

　この議論をふまえると、自然再生事業における合意形成は、SusskindおよびCaPAの定義にみられるように、よりよい提案をつくっていくための「不断の努力のプロセス」として捉えることができる。また意見の一致ではなく、多様な意見や価値観を尊重する点で、CaPAや今田の考え方に近い。自然再生における合意形成の実践意義は、地域の人びとの多様な価値観や異なる意見を積極的に認め、様々な対立を協働によって克服しようとする努力のなかで、地域の独自性・固有性をふまえた創造的な再生計画案を実現することである。多様な価値観や異なる意見があるからこそ、意味のある話し合いやよりよい再生計画案を実現することができるという認識である。すなわち、自然再生における合意形成とは、決して意見や利害の調整をする場ではなく、より創造的なプロセスとして捉えることができる。

(3) プロジェクト・マネジメントの視点

　ここで重要な課題となるのが、創造的合意形成プロセスをどのようにして組み立て、さらにマネジメントしてくかということである。そこで重要となるのが「プロジェクト・マネジメント」の視点である。

　自然再生事業を含む社会基盤整備事業は、そのプロセスや成果が独自のものであるという点において「プロジェクト」として捉えられるべきものである。「プロジェクト」の定義は、「プロジェクトマネジメント知識体系(以下、「PMBOK」とする)」によれば、次のとおりである。

　　　プロジェクトとは、独自のプロダクト、サービス、所産を創造するために実施する有期性のある業務である[28]。

　有期性があるということは、プロジェクトには明確な始まりと終わりがあるということである。しかしプロジェクトは、必ずしも短期間の間に実行されるわけではない。その期間は長いものから短いものまで様々である。また、プロジェクトによって生み出されるプロダクト、サービス、所産は、多くの場合にプロジェクトの期間よりも長く存続する。

　プロジェクトのもうひとつの大きな特徴は、生み出されるプロダクト、サービス、所産が独自のもの、つまりユニークなものだということである。プロジェクト以外の業務とは、たとえば工場における同一製品のライン生産や、組織内における経理処理業務など、既存の手順に従って行う定常的な業務である。一方でプロジェクトは、たとえ反復的な成果、および成果物を生み出すとしても、その創造プロセスの環境や条件の差異によって独自性を有する。自然再生事業は、同じような工法あるいは使用材料であったとしても、実施場所の特性やその他の条件の違いによって、それぞれの事業の成果はユニークなものである。

　さらに合意形成プロセスも、ステークホルダーや話し合いの方法、合意の成果などが、それぞれの事業によって異なる。したがって、合意形成プロセ

ス自体もひとつのプロジェクトとして捉えることができる。つまり、自然再生事業は、事業そのもののプロジェクト性と、事業に含まれる合意形成プロセスのプロジェクト性という、ふたつの意味でのプロジェクト性を有しているのである。

　プロジェクトを適切に遂行するためには、プロセスを適切にマネジメントしなければならない。そこで必要となるのが、プロジェクト・マネジメントの知識と技術である。PMBOKによる具体的なプロジェクト・マネジメントの定義は、「プロジェクトの要求事項を満足させるために、知識、スキル、ツールと技法をプロジェクト活動へと適用すること[29]」というものである。日本やアジア各地でプロジェクト・マネジメントのコンサルティングを行う中嶋秀隆は、この定義をベースとしてプロジェクト・マネジメントを「一連の技法、プロセス、システムを駆使して、プロジェクトを効果的に計画、実行、コントロールすること[30]」と定義した。自然再生事業においては「事業そのもの」と「合意形成」のふたつのプロジェクト性をふまえて、適切にマネジメントを実践していく視点が不可欠となる。

（4）合意形成マネジメントの実践者

　合意形成マネジメントの実践者としてはどのような主体が考えられるだろうか。Susan Carpenterは、合意形成プロセスをデザインする主体として、①中立的な主体、②事業に関係する組織や機関、③事業に関係する個人のグループ、④事業のすべてのステークホルダーと中立的な主体との協働、の4パターンを示している[31]。

　もっとも一般的なのは、事業に対して中立的な主体がプロセスをデザインする1点目のケースである。特に、ステークホルダー間の対立が深い場合などは、事業主体やある特定の利害をもつ主体がプロセスをデザインすることは、他のステークホルダーの反発を招きやすい。そのため、プロセス・デザインの中立性を担保することが必須の条件となる。

　次に2点目の主体については、たとえば、行政機関、事業に関心・利害を

もつ民間企業、あるいはNPOなどの市民組織を考えることができる。

また、3点目のケースに関しては、社会基盤整備事業のケースで考えれば、事業によって影響を受ける地域住民を想定することができる。地域住民が自ら合意形成プロセスのデザインを行うためには、ステークホルダー間に協力的な関係が構築されていること、およびプロセス・デザインにかかわる人びとが合意形成手法に関してある程度の知識と技術を持ち合わせていることが条件となる。

最後の4点目のケースに関しては一般的に、中立的な主体のコーディネートのもとステークホルダーが集まり、プロセス・デザインを行う。このケースでは、地域住民・ステークホルダーが自らプロセスをデザインし意思決定を行っていくことによって、事業推進の手続きに対する参加者の満足度が増し、かつ主体性が高まっていくという効果が期待できる。

Carpenterが述べるには、これらの4つのケースは合意形成プロセスの状況に応じて組み合わせていくことができる。事業においてどのような主体がプロセスのデザインを行うかといった問題は、それぞれの事業を取りまく状況をふまえて決定していく必要がある。

先述したように合意形成マネジメントのなかで特に重要な役割を果たすのはワークショップの場におけるファシリテータである。合意形成マネジメントではそのほかにも、たとえば話し合いに向けた資料の作成、あるいは具体的な話し合いの場の進行補助などの作業が必要となる。また、自然再生事業においては、合意案を検討するにあたって、生態系や土木工学などの自然科学的知見が必要となる。これらのことから、合意形成マネジメントには、複数のメンバーでそれぞれが役割を分担しながら、チームとして取り組むことが現実的である。

第3節　合意形成マネジメントで直面する課題

(1) 複雑な地域社会のなかでのインタレスト分析の難しさ

合意形成マネジメントを実践するうえでの重要な課題のひとつは、複雑な地域社会のなかでのインタレスト分析の難しさである。ワークショップのなかでは、ファシリテータが発言者に意見の意図をたずねることが重要な作業である。その理由は、適切に合意形成マネジメントを行うためには、ステークホルダー間の意見を調整することではなく、ステークホルダーの多様なインタレストを把握することがカギとなるからである。前述したようにインタレストは「利害」、あるいは「関心・懸念」と訳すことができる。すなわち、意見の背後にある理由である。インタレストに着目することではじめて、事業に賛成か反対かという意見上の調整ではなく、人びとが納得するような合意形成を実現することが可能となる。合意形成マネジメントの核心に位置するのは、ステークホルダーの多様なインタレストをいかにして適切に分析し、提案を形づくっていくかということである。

　たとえば、河川再生事業におけるケースを想定してみると、ある人は河川の再生工事をすべきでないと言い、またある人は工事を実施するべきだと主張していたとする。この場合、再生事業の是非についての意見は対立している。そこでそれぞれに意見の理由をきいてみると、反対している人は、川のすぐそばに多くの野鳥が集まってきているので、工事をすればその野鳥たちが来なくなってしまうと述べた。一方で工事に賛成している人は、現在の川の環境では魚や虫が持続的に多く生息することは難しく、将来的にそれらを餌としている野鳥が集まらなくなるのではと懸念していた。この場合、双方とも川に飛来する野鳥に深い関心を抱いているという点では一致していることになる。そこで、現時点で集まってきている野鳥に影響を与えないように、かつ、将来的に河川に生息する餌生物が増えるようにはどの個所を再生し、どの個所を残せばよいかという議論を展開することができる。そのような議論にもとづいて策定される計画案は、賛成・反対の意見だけを聞いてつくられる計画よりも、それぞれの人びとが納得できる可能性を多く含んでいる。

　逆を考えた場合、川と連続した遊水池をつくるという案に2人のステークホルダーが賛成していたとする。その理由をそれぞれに聞いてみると、一方

の人は、人間が自由に魚釣りや虫とりをすることのできるレクリエーション機能をもった空間が必要だと答え、もう一方の人は、人が介入せず、多様な生き物が生息できる空間としての池が必要だと答えた場合、池をつくるという意見は一致していても、実際に求めている機能や役割は大きく異なっている。このような場合に、インタレストを把握しようとせずに、意見が一致しているからといって事業を進めると、その後の池の利用を巡る議論が紛糾しかねない。

　合意形成プロセスで重要なのは、ステークホルダーがどのような理由から事業に対しての意見をもっているのかを把握することである。つまり、インタレストレベルで課題を解決しなければ、人びとの納得する合意へと至ることは難しい。

　合意形成プロセスにおいて、ステークホルダーの意見の理由を聞くことは、対立の克服および人びとの納得できる提案の実現に向けて不可欠の作業である。Sarah McKearnan と David Fairman は、建設的な議論を通して合意を形成するためには、意見の意図を聴く時に「何が望みなのか」ではなく、「なぜあなたはそう考えるのか」と尋ねなければならないとしている[32]。合意形成マネジメントチームには常に、参加者に意見の理由を問い、インタレストを適切に把握したうえで課題を見いだし、課題解決へと取り組むことが求められる。

　一方で、意見の理由としてのインタレストは、話し合いのなかで必ずしも顕在化するとは限らない。たとえばあるステークホルダーが事業に反対意見を述べたとしても、その理由がワークショップ等の公の場で他人には話したくない理由であることも十分に考えられる。そのような場合、ファシリテータが意見の理由について尋ねたとしても、その発言者は理由を語らないか、あるいはまた別の建前上の理由を持ち出してくるだろう。この場合、合意形成マネジメントチームに求められるのは、ステークホルダーの意見とそのインタレストを表面的な言葉で理解しようとするのではなく、その人がどのような心境で事業へのスタンスを形成しているのかをさらに深く理解しようとする姿勢である。言い換えれば、合意形成マネジメントでは、話し合いの場

だけでは明らかにならない人びとの深層的なインタレストをどのようにして把握するかということが重要な課題となる。

また、合意形成プロセスのなかで、ステークホルダーの意見やインタレストに変化が生じるということも考えられる。逆に、ステークホルダーの姿勢は変わらなくても、事業をとりまく地域や社会の状況が変化することもある。さらに先に述べたように、自然再生事業におけるステークホルダーを厳密に特定することは困難である。したがって、事業の途中段階で、重要なステークホルダーが登場し、また新たな意見が示されることも想定しておかなければならない。

以上のように考えた場合、自然再生事業の合意形成をとりまく状況はきわめて複雑であり、また不確実である。ある事業が展開される地域環境の複雑性のなかでは、一見するとステークホルダーの多様な意見や声は合意が不可能な雑多なものとなってしまう。このような状況が合意形成を難しくしているのである。自然再生事業で求められるのは、地域空間の多様な価値を見出しながら、それらを共有し、ステークホルダーの納得に向けた合意形成プロセスを構築することであった。そのような合意形成マネジメントの核心に位置するのは、変化する複雑な地域環境のなかで、ステークホルダーのインタレストの「多様性」と、ひとつの提案をつくっていくという意味での「合一性」をいかにして両立していくかということである。すなわち、複雑な地域社会のなかで形成されるステークホルダーの多様なインタレストをいかにして適切に分析するかということが重要な課題となる。この課題を解決するための考え方や技術が確立されれば、合意形成マネジメントの理論は大きく前進すると言えるだろう。

（２）地域に根ざした自然再生推進の難しさ

合意形成マネジメントを実践するうえでのもうひとつの重要な課題は、地域に根ざした自然再生推進の難しさである。自然再生事業では、自然環境の複雑性によって予測の不確実性が伴うことから、自然再生の基本的スタンス

として、生物多様性国家戦略のなかでは「順応的管理(adaptive management)」という概念を示している。自然再生推進法のなかでは順応的管理の推進にあたる文として、基本理念について示した第三条の3項に、「自然再生は、地域における自然環境の特性、自然の復元力及び生態系の微妙な均衡をふまえて、かつ、科学的知見に基づいて実施されなければならない」と書かれている。また4項には、「自然再生事業は、自然再生事業の着手後においても自然再生の状況を監視し、その監視の結果に科学的な評価を加え、これを当該自然再生事業に反映させる方法により実施されなければならない」と明記している。つまり自然再生を進めるうえでは、まず科学的根拠に基づいた環境改変後の変化を予測し、それに基づいて計画・設計・施工を行う。さらに施工後に予測した結果と実際のモニタリング結果を比較し、そこに差異が生じた場合には、予測の方法や根拠を見直し、計画・設計案を改善・変更する。このような循環的なプロセスを繰り返しながら自然再生では予測の不確実性に対応する[33]。すなわち、自然再生事業は、たとえば道路や橋梁の建設事業のように、計画・設計したものを忠実につくりあげれば完了というわけではなく、常に改変後の環境のレスポンスを確認し、時には是正措置を施していく必要がある。

　この順応的管理のサイクルのなかには当然、参加の機会も含まれる。再生計画案を作成する段階での想定と異なった結果が確認できた場合、その結果をふまえて修正を加える際に、仮にステークホルダーを招集せずに、事業主体や専門家のみの判断で案をつくり変えてしまえば、それまでの参加プロセスでの話し合いはたちまちに意味を失ってしまう。また、せっかく話し合いに参加したにもかかわらず、自分たちが知らないところで計画が変更されたことを市民が知れば、おそらく事業主体と市民との信頼関係は崩れてしまうだろう。このことは、本章で述べた「合意事項の実行」に深くかかわる。このような点から、自然再生事業における参加プロセスは、長期的かつ継続的に構築されなければならない。すなわち、計画や設計段階だけでなく、施工、モニタリング、維持管理といったプロセスにおいても合意形成の実践が不可欠なのである。

ここで課題となるのが、市民が長期的・継続的に事業にかかわっていくためのモチベーションをいかにして担保するかという問題である。第1章で述べたように、自然再生事業は、生物多様性の保全というグローバルな理念にもとづいて進められるものである。自然環境や生物に高い関心をもつ市民であれば、自分たちが暮らす地域での自然再生事業にかかわり続ける動機を見出すことはできるだろう。しかし、生物多様性の問題に関心のない市民はどうであろうか。数回の話し合いならまだしも、継続的に自然再生事業の話し合いに時間を割くことは大きな負担になりかねない。また自然再生よりも、自分の生活や関心ごとに直接関係のあるものを優先することも考えられる。

　では、そのような自然再生事業から離れていく市民を放っておいてよいかというと決してそうではない。ローカルな地域空間の価値を見出し、それらを実現しようとすれば、自然再生に関心があろうとなかろうとそこに暮らす多様な人びとの視点が不可欠である。そこで、自然再生事業の合意形成マネジメントでは、地域の主体性をいかにして高めていくかという視点が重要となる。言い換えれば、自然再生事業を地域に根ざした形で展開することが求められるのである。

　本章では、先行研究をレビューしながら、合意形成プロセスの基本的なステップ、および自然再生事業に求められる合意形成のあり方について論じた。さらに、自然再生事業において合意形成マネジメントを展開するうえで、マネジメントの実施者が直面する重要な課題、すなわち①複雑な地域社会でのインタレスト分析の難しさ、および②地域に根ざした自然再生推進の難しさ、の2点を示した。

　本章で示した2つの課題に対して、第Ⅱ部(第3章、第4章、第5章)では、1点目の課題である「複雑な地域社会でのインタレスト分析の難しさ」について、佐渡島天王川自然再生事業での合意形成マネジメントの実践をふまえて、課題解決のための理論を示す。また、第Ⅲ部(第6章、第7章、第8章)で

は、2点目の課題である「地域に根ざした自然再生推進の難しさ」について、佐渡島・加茂湖での実践経緯について考察し、地域住民が主体となった自然再生プロセスの実現に向けた知見を提示する。

■註

1 「コンセンサス・ビルディング」という言葉は、そのまま「合意形成」と訳すこともできるが、Susskindは、コンセンサス・ビルディング手法における「コンセンサス」という言葉の意味を「大多数の合意」、あるいは「話し合いの参加者が十分な情報を得た状態での合意(informed agreement)」と定義している。したがって、ここでいう「コンセンサス・ビルディング」と、一般的な「合意形成」とは区別して使用する必要がある。

2 Susskind, Lawrence E. & Cruikshank, Jeffrey L.: *Breaking Robert's Rules*, Oxford University Press, (城山英明、松浦正浩訳：コンセンサス・ビルディング入門、有斐閣)、pp.47-66、2008.

3 Belt, Marjan van den: *Mediated Modeling – A System Dynamics Approach to Environmental Consensus Building –*, Island Press, p.67, 2004.

4 荻原良己、坂本麻衣子：コンフリクトマネジメント―水資源の社会リスク―、勁草書房、pp.46-47、2006。

5 水系の環境を包括的に考える際、水だけではなく「流砂」という考え方がキーワードとなっている。芦田らによれば、「流砂環境」とは、「流域における土砂(実際には岩塊、石礫、砂から微細粒子までいろいろな粒径のものを含んでいるがそれらを総称して土砂と呼ぶ)の生産、流出の特性や河川の形態とその変動の特性など流砂が関わる物理環境」としている。
芦田和男、江頭進治、中川一：21世紀の河川学、京都大学学術出版会、pp.26-27、pp91-92、2008。

6 Sarah Mikaらによる河川再生の手法に関する研究では、河川環境は様々な要素が相互に影響しあいながら形成されているため、その境界を機能的に明確に定義することは困難であると述べている。
Mika, Sarah, Boulton, Andrew, Ryder, Darren & Keating, Daniel: Ecological Function in River –Insight from Crossdisciplinary Science–, in *River Futures* (Brierley, Gary J. & Fryirs, Kirstie A., Eds.), Island Press, pp.85-99, 2008.

7 中村太士：流域一貫、築地書館、pp.29-49、1999。

8 錦澤滋雄：自由討議の場としてのワークショップ、in 市民参加と合意形成(原科幸彦編著)、pp.61-90、学芸出版社、2005。

9 錦澤滋雄：都市計画マスタープラン策定過程におけるワークショップの役割、平成13年度東京工業大学学位論文、p.48、2002.3。

10　延藤安弘：「まち育て」を育む、東京大学出版会、p.223、2001。
11　前掲(Susskind & Cruikshank, 2008)、p.34。
12　前掲(Susskind & Cruikshank, 2008)、pp.34-35。
13　前掲(Susskind & Cruikshank, 2008)、p.35。
14　藤井聡、竹村和久、吉川肇子：「決め方」と合意形成、土木学会論文集、No.709、IV-56、pp.13-26、2002.7。
15　藤井聡：総論賛成・各論反対のジレンマ、in 合意形成論(土木学会誌編集委員会編)、土木学会、pp.32-36、2004。
16　前掲(Susskind & Cruikshank, 2008)、p.16。
17　猪原健弘：合意形成学の構築、in 合意形成学 (猪原健弘編著)、勁草書房、pp.1-14、2011。
18　桑子敏雄編：いのちの倫理学、コロナ社、pp.221-223、2004。
19　Susskind, Lawrence E.: An Alternative to Robert's Rules of Order for Groups, Organizations, and Ad Hoc Assemblies that Want to Operate by Consensus, in *The Consensus Building Handbook* (Susskind, Lawrence E., McKear-nan, Sarah & Thomas-Larmer, Jennifer, Eds.), SAGE Publications, pp.6-7, 1999.
20　前掲(Susskind & Cruikshank, 2008)、pp.92-93。
21　桑子敏雄：社会基盤整備での社会的合意形成のプロジェクト・マネジメント、in 合意形成学 (猪原健弘編著)、勁草書房、pp.179-202、2011。
22　前掲(Susskind & Cruikshank, 2008)、pp.24-25。
23　合意形成手法に関する研究会編集：欧米の道づくりとパブリック・インボルブメント、ぎょうせい、pp.2-7、2001。
24　屋井鉄雄：社会資本整備の合意形成に向けて、in 合意形成論(土木学会誌編集委員会編)、土木学会、pp.164-165、2004。
25　NPO法人合意形成マネジメント協会編：社会的合意形成が拓く公共事業新時代、NPO法人合意形成マネジメント協会、p.5、2005。
26　前掲(CaPA、2005)、pp.9-10。
27　今田高俊：社会理論における合意形成の位置づけ—社会統合から社会編集へ、in 合意形成学 (猪原健弘編著)、勁草書房、pp.17-35、2011。
28　Project Management Institute: *A Guide to the Project Management body of Knowledge (PMBOK Guide) Fourth Edition*, Global Standard, p.5, 2008.
29　前掲(PMI, 2008)、p.6。
30　中嶋秀隆：改訂4版PMプロジェクト・マネジメント、日本能率協会マネジメントセンター、p.25、2009。
31　Carpenter, Susan: Choosing Appropriate Consensus Building Techniques and Strategies, in *The Consensus Building Handbook* (Susskind, Lawrence E., McKear-nan, Sarah & Thomas-Larmer, Jennifer, Eds.), SAGE Publications, pp.61-97, 1999.
32　McKearnan, Sarah & Fairman, David: Producing Consensus, in *The Consensus*

Building Handbook (Susskind, Lawrence E., McKearnan, Sarah & Thomas-Larmer, Jennifer, Eds.), SAGE Publications, pp.325-373, 1999.
33 日本生態学会編：自然再生ハンドブック、地人書館、pp.42-46、2010。

第Ⅱ部

行政主体の自然再生事業における合意形成マネジメント

第3章
トキ野生復帰のための佐渡島・天王川自然再生事業

　自然再生事業における合意形成マネジメントでは、複雑な地域環境のなかで形成されるステークホルダーの多様なインタレストをどのように分析するかが課題となる。第Ⅱ部では、この課題解決のための道すじを示すために、新潟県佐渡島の天王川自然再生事業において社会実験として実施した合意形成マネジメントと再生計画案に関する合意形成プロセスについて論じる。本章では、社会実験のフィールドである天王川自然再生事業のしくみと合意形成プロセスにおける具体的な議論の内容を概観する。

第1節　事業の背景と概要

(1) トキの野生復帰と佐渡地域河川(国府川水系)自然再生計画

　天王川自然再生事業は、新潟県が2006年に定めた佐渡地域河川(国府川水系他)自然再生計画のなかに位置づけられている。この自然再生計画は、環境省が新潟県佐渡市で進めているトキの野生復帰事業を支援するために策定されたものである。
　環境省は、新潟県佐渡市においてトキの野生復帰に向けた事業を実施している。トキの野生復帰に関連して佐渡島内では、農林水産省、国土交通省、新潟県、佐渡市も環境保全・再生事業を展開している。
　トキは、かつて日本の各地や、中国・朝鮮半島などの環日本海エリアに広く生息した。生息環境は、餌となるドジョウやカエルなどが豊富な水田や湿

地、沢などがある場所であり、いわばトキは里の鳥である。トキ色と呼ばれる薄桃色の美しい羽は、工芸品などに多く用いられた[1]。

　わが国におけるトキは明治以降、乱獲や環境の変化によって減少の一途をたどった。大正時代には一度絶滅したとされたトキは、その後再び発見され、国はトキを1934年（昭和9年）に天然記念物、1952年（昭和27年）には特別天然記念物に指定し、さらに1960年（昭和35年）には国際保護鳥に選定した。人工飼育・増殖の本格的な取り組みは、1962年（昭和42年）のトキ保護センター（旧新穂村清水平）建設を機に始まった。1981年に当時の環境庁は、最後の野生のトキ5羽を保護増殖の目的のために一斉捕獲した。その後、トキ保護センターで人工増殖が取り組まれた。2003年（平成15年）に日本産の最後のトキが死亡するも、中国から贈呈されたトキの人工繁殖に成功し、その後は人工飼育下で順調に個体数を増やしていった[2]。

　環境省（当時は環境庁）は、2000年（平成12年）から3年間、「共生と循環の地域社会づくりモデル事業（佐渡地域）」を実施し、2003年（平成15年）3月にそのとりまとめとして策定した「環境再生ビジョン」のなかに、「2015年頃（平成27年頃）、小佐渡東部に60羽のトキを定着させる」という目標を明記した。これを受けて、2004年（平成16年）1月、「種の保存法に基づくトキ保護増殖事業計画」にトキの野生復帰を位置づける改訂を行い、環境省をはじめとする様々な主体が連携しながら、小佐渡東部をコアゾーンとしてトキ野生復帰の取り組みを進めている[3]。環境省は、2008年9月に第1回目の試験放鳥を実施し、10羽のトキが佐渡の空を舞った。2009年以降も随時放鳥を行っている。

　新潟県は、トキの野生復帰を河川の自然再生を実施することによって支援するために、学識経験者によって構成された「トキの野生復帰に向けた川づくり検討委員会」、および学識経験者や地域住民によって構成された「トキの野生復帰に向けた川づくりワーキング会議」において、河川の自然再生計画策定に関する議論を進めてきた。その成果として新潟県は、2006年7月に「佐渡地域河川（国府川水系他）自然再生計画」を策定した。この計画は、小佐渡東部地域を流れる国府川、大野川、久知川、諏訪川、天王川の5河川を対

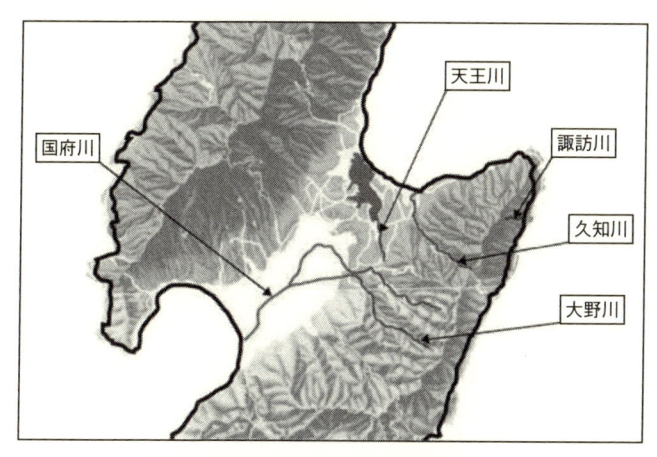

図3-1 佐渡地域河川(国府川水系)自然再生計画の対象河川
出典：新潟県「佐渡地域河川(国府川水系)自然再生計画(案)の概要」

象としている(図3-1)。新潟県が河川の自然再生事業を実施しようとした背景にあるのは、過去に佐渡島内の河川を直線化したことや、コンクリートで川岸を固めたことによって、トキの餌となる生物が生息・増殖するための環境が減少したのではないかという懸念である[4]。佐渡島内における河川の自然再生の目標は、「野生のトキが佐渡島の大空を舞っていた頃の河川の多様な自然の再生・創出を目指す[5]」となっており、その具体的項目として次の3点をあげている。

①トキの餌場を確保する川づくり
・湿地浅場を保全・創出する
・川の上流やダム湖に残された湿地や浅場を保全・創出する
②トキの餌生物等の多様な生息環境を確保する川づくり
・河岸や河床の再自然化を図る
・周辺地域の水田・森林と一体となった水辺の整備をする
・冬季に水田、水路へ水を供給することで生物などの生息環境を保全する

③トキの餌生物等の移動環境を確保する川づくり
　・移動しやすいように川の落差を緩和する
　・樋門を改修して、水田、水路との移動をしやすくする

　佐渡地域河川(国府川水系他)自然再生計画は、トキの生息に適した環境を創出するために実施される。そのためにこの計画では、場合によって河川のみならず周辺の水田や湿地などの整備も行うとしている。
　新潟県は、この自然再生計画を推し進めるにあたって、改修後の河川環境のレスポンスと、地域との合意形成や多様な主体が協働するためのしくみといった事業の推進方法に関する知見を得るために、対象河川のひとつである天王川をモデル河川とした自然再生事業を試験的に開始した。

(2)天王川流域の特徴

　天王川は、小佐渡丘陵北西部を水源とし、トキ野生復帰の取り組みの中心

図3-2　天王川と加茂湖の位置図

地域である新穂・潟上地区を通り、加茂湖に注いでいる(図3-2)。流域面積は約7.65km^2、流域関連人口約4,200人(平成17年旧新穂村)、幹川流路延長約5kmの二級河川である。河道形状は、基本的に堀込断面河道で、その大部分がコンクリートブロック護岸となっている。最下流部は鋼矢板護岸、中流部と上流部の一部はコンクリートの三面張りである。三面張りの区間は、平常時にはほとんど水深がない状態となっている。また、天王川の大部分は谷戸地形の田んぼの間を流れている。

天王川の水害は、たびたび流域の住民を悩ませてきた(表3-1)。特に1998年(平成10年)に佐渡島を含む新潟地方の広い地域を襲った記録的大豪雨(以下、「8.4水害」とする)は、天王川流域においても甚大な被害を及ぼした。8.4水害は、旧両津市の久知川ダムにおいて、24時間最大雨量301mm、1時間

表3-1 天王川の水害の歴史

年月日	内容	備考 (被害は天王川以外も含む)
明治30年8月7日	大洪水	新穂村被害:床上浸水236件、床下浸水172件
明治38年8月16日	洪水	
大正2年8月27日	洪水	新穂村で水が膝下まで達する。堤防が決壊する。
大正3年7月5日〜6日	洪水	
大正6年7月5日	洪水	新穂村で床上浸水
大正15年(月日は不明)	洪水	
昭和8年7月11日	洪水	
昭和22年7月24日	洪水	
昭和28年7月22日	洪水	堤防欠損3か所、道路決壊数か所、新穂村の一部で浸水
昭和36年(月日は不明)	台風10号直撃	
昭和40年9月17日〜18日	台風24号	
昭和46年(月日は不明)	梅雨前線による豪雨	
昭和53年6月28日	梅雨前線による豪雨	天王川上流域で浸水、床下浸水12件
平成10年8月4日	梅雨前線による豪雨	天王川下流域で床上浸水4件、床下浸水3件
平成14年7月14日〜16日	台風7号による洪水	

表3-2 天王川改修工事の歴史

事業期間	事業名	対象区間
昭和40〜42年	昭和40年災害関連事業	下流端(0.0km)〜薄倉沢川合流点(1.7km)、L＝1.664km
昭和53〜55年	歌滝川河川局部改良事業	歌滝川(合流点〜0.73km)、L=0.73km
昭和54〜56年	昭和54年河川局部改良事業	薄倉沢川合流点(1.7km)〜伊利川合流点(2.5km)、L=0.78km
平成元〜12年	平成元年河川局部改良事業	稲場の下橋(3.3km)〜4.3km地点、L＝0.97km

雨量64mmを記録する集中豪雨によって発生したものである。佐渡地域では天王川をはじめとする多くの河川が氾濫した。たびたび氾濫する天王川の治水安全度の向上は地域の切実な願いであり、行政もこれに応える形で幾度かにわたる河川改修を行ってきた(表3-2)。

　天王川の改修では、河岸や河床がコンクリートにより固められていった。護岸をコンクリートで固め、深く掘り下げた河川は、洪水時に水をはやく下流に流すといった機能を発揮する一方で、陸と水辺との間に高低差を生み、物理的に水辺へのアプローチを困難にする。河川工学者の島谷幸宏は、このような河川形状の変化などが理由で、河川と人との関係が疎遠になっていったと指摘する[6]。

　戦後の河川整備方法はまた、魚類や昆虫など水棲生物や植物の生息環境にも大きな影響を与えてきた。一般的に河川における生物の生息環境へのインパクトは、①上流域における治山事業・砂防事業・ダム事業・道路事業・森林の改変、②中流域における河床の低下・河道の固定化・流域の都市化・圃場整備、また③下流域における河床低下による塩水遡上・河口域の都市化あるいは工業化・港湾開発による塩性湿地や干潟の直接改良などである[7]。天王川においても、1965年頃(昭和40年頃)から始まった治水事業によって、多様な生物の生息環境が失われていったと地域住民は語る。ある漁業者は、「かつては天王川でイトヨ、シラウオ、ウナギなどがたくさんみられたが、今はほとんどいない」と話した。

　かつては多くみられた魚類が減少する一方で、天王川にはホタルが数多く

生息している。天王川流域の環境保全活動に取り組む「潟上水辺の会」という団体は、毎年夏に「ほたる祭り」というイベントを開催している。このイベントには、毎年多くの人びとが訪れ、地域におけるひとつの名物イベントになっている。

　天王川流域は鳥類が多くみられる地域でもある。河岸段丘の崖線に形成された雑木林には、サギやトンビなどの野鳥が多く集まる。地元の高齢者の話では、天王川周辺では、1981年に一斉捕獲される前まで野生のトキの姿もよく目撃されていたという。天王川中流域には温泉が湧いている箇所があり、トキが好んで食べるドジョウなどの生物が多く生息している。そこは雪の降る厳寒期においても水が凍結することがないため、トキにとっては冬季の大事な餌場であった。実際に2008年の試験放鳥以降、冬季を中心として、野生に放たれたトキが天王川流域で採餌していることが確認されている。

　天王川流域は、生態学的観点からトキの餌場としてポテンシャルの高い地域であり、NPOや大学などがビオトープづくりを盛んに行っている。さらに天王川内においても、自然再生事業に先立って新潟県が、部分的に魚類が遡上するための魚道の設置や落差工の解消、河床の再自然化などの取り組みを実施している。

（3）市民・専門家・行政の三者の協働体制

　天王川自然再生事業は、事業主体である新潟県、流域住民・一般市民と学識経験者の協働のもとに展開される。流域住民と一般市民は、「トキと人の共生を目指した水辺づくり座談会（以下、「座談会」とする）」に招集される。また、学識経験者は、「トキの野生復帰に向けた川づくりアドバイザリー会議（以下、「アドバイザリー会議」とする）」のメンバーとして事業に参加し、河川工学や生物学などの観点から助言する(図3-3)。

　座談会では、メンバーを固定して議論を行うのではなく、流域住民・一般市民、佐渡市や環境省も含む行政関係者、学識経験者などが自由に参加できる方式で行う。座談会の具体的な進め方は、各回で議論すべき内容に応じ

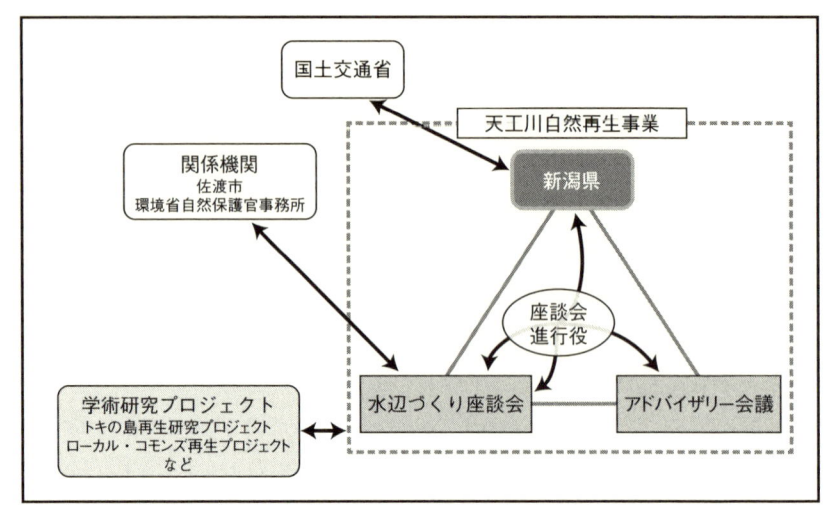

図3-3　天王川自然再生事業における協働体制

て、座談会進行役、新潟県の担当者などの関係者が議論して決定する。参加者は、フィールドワークやワークショップを通して、天王川の自然再生計画案策定に向けた意見交換を行う。

　座談会進行役は、座談会での参加者の意見をとりまとめ、事業主体である新潟県へ提案するとともに、アドバイザリー会議にて報告する。アドバイザリー会議では、専門家が座談会からの提案をふまえて、専門的見地からの技術的な検討や事業全体の進め方などについての助言を行う。さらに新潟県は、アドバイザリー会議での議論をふまえて、技術的な観点からの実現可能性や制度面の課題について検討し、具体的な計画案を座談会において提示し、承認が得られた時点で設計・施工作業へと事業を進めていく。

　天王川自然再生事業の合意形成マネジメントチームは、表3-3に示すとおりである。新潟県は、座談会の進行を東京工業大学大学院・桑子敏雄研究室に依頼した。桑子研究室のメンバーは、進行役として、座談会全体の進行、ファシリテーション、話し合いのまとめと提案、さらに、合意形成プロセスのマネジメントについてのアドバイスを行う。他には、新潟県から天王川自然再生事業の計画業務を請け負っている財団法人リバーフロント整備セン

表3-3 合意形成マネジメントチームの構成
(所属はチーム在籍当時のもの)

氏名	所属	着任期間	主な役割
桑子　敏雄	東京工業大学大学院	2008年3月～2010年8月	座談会の全体進行 プロセスマネジメントのアドバイス ステークホルダー分析 インタレスト分析
髙田　知紀 （筆者）	東京工業大学大学院 桑子研究室	2008年3月～2010年8月	座談会の進行 話し合いのファシリテーション ステークホルダー分析 インタレスト分析
豊田　光世	東京工業大学大学院 桑子研究室	2008年3月～2010年8月	座談会の進行 話し合いのファシリテーション ステークホルダー分析 インタレスト分析
山田　潤史	東京工業大学大学院 桑子研究室	2008年3月～2008年9月	座談会の進行補助 ステークホルダー分析 インタレスト分析
佐合　純造	財団法人リバーフロント整備センター	2008年3月～2010年8月	技術的アドバイス
関　　基	財団法人リバーフロント整備センター	2008年3月～2009年5月	資料作成・説明 座談会の部分進行
秋山　和也	財団法人リバーフロント整備センター	2009年5月～2010年8月	資料作成・説明 座談会の部分進行

ーの職員が、河川工学の観点からの技術的検討、資料の作成と説明、座談会の部分進行などを担当する。マネジメントチームは、座談会のみならず、必要に応じてワークショップやヒアリングを通して、事業のステークホルダーとそのインタレストの分析を行い、チーム内、あるいは新潟県担当者と共に協議しながら、適切に合意形成プロセスを構築するための業務を遂行する。

参加型公共事業において、専門家と市民との連携のあり方は重要な検討項目である。景観デザイン論を展開する柴田久は、市民と専門家との対話が十分になされないような短絡的な参加手法に疑問を投げかけ、参加型計画論における専門家の役割の重要性を論じている[8]。原科幸彦は、公共計画における参加の場では、科学性を確保するための専門家(Experts)と、民主性を確保するためのステークホルダー(Stakeholders)の混成により、透明性の高い議論

のプロセスを形成することの有効性を論じており、そのような議論の場の構成を専門家のE、ステークホルダーのS、ハイブリッドのHから、ESHモデルと名付けている[9]。参加のプロセスでは、専門家をどのように位置づけ、さらに市民と専門家の対話によっていかに民主性と科学性を両立させるかといったことが重要な課題となる。天王川自然再生事業ではこのような課題をふまえて、座談会とアドバイザリー会議の2つの機関を柱とし、さらに座談会にも専門家が参加する体制を基本とした。

桑子研究室は、2007年度（平成19年度）より環境省地球環境研究総合推進費による「トキの野生復帰のための持続可能な自然再生計画の立案とその社会的手続き[10]」の「社会的手続きに関する研究」のチームとして、佐渡島内各地でトキの野生復帰のための社会環境整備に向けたワークショップを多数回開催していた。また、2008年11月からは、科学技術振興機構・社会技術研究開発センター（JST・RISTEX）による「地域に根ざした脱温暖化・環境共生社会」領域プログラムの「地域共同管理空間（ローカル・コモンズ）の包括的再生の技術開発とその理論化」プロジェクト（通称：コモンズ再生プロジェクト）を開始した。天王川自然再生事業は、このような大学が実施する研究プロジェクトとも連携しながら、事業を進めていった。

第2節　水辺づくり座談会のコミュニケーション・デザイン

（1）座談会のルールの設定

自然再生事業における参加の場ではステークホルダーを厳密に特定することは難しいため、参加者を限定せずに広く開かれた場で話し合うことが望ましい。しかし、参加者それぞれが好きなように発言していたのでは、合意形成は難しい。効率的かつ建設的に合意形成プロセスを構築するためには、情報が適切に開示され、ステークホルダーが事業の内容を正確に把握する必要がある。さらにそのなかで人びとが参加の場の位置づけを認識し、適切に話し合っていくしくみを構築しなければならない。そこで水辺づくり座談会で

は、自然再生計画案について適切な話し合いを進行するために、話し合いのルールを設定し、参加者間で共有した。そのルールとは以下の5項目である。

　①座談会の議論と合意にもとづいて県は事業を進めます。
　②座談会は誰もが自由に参加し、発言できる話し合いの場です。
　③座談会では、地域の将来をみんなで建設的に話し合います。
　④地域の幅広い意見を聴き、その意見を座談会の議論に反映させます。
　⑤専門家からアドバイスを受け、座談会の議論に反映させます。

　天王川自然再生事業における意思決定者は事業主体である新潟県であるが、このルールでは、新潟県は座談会での承認が得られないことには事業を推進することができないことを示している。つまり、実質的に事業の意思決定に関する大きな権限をもっているのは座談会である。また、やむをえず座談会に参加できない地域住民もいるため、新潟県は必要に応じて地元説明会や意見交換会を開催する。ここで得られた地域の意見はもちろん事業に反映されなければならない。しかし、意見交換会や説明会で出た意見が、そのまま計画に反映されるとなると、多様な人びとの参加によって自然再生計画についての意見交換を行う座談会の役割が形骸化してしまう。そこで意見交換会や説明会での意見は、座談会にて提示され、座談会参加者がその意見について議論を行ったうえで、事業計画へと反映させる。つまり座談会が事業の意思決定にかかわる発言の場として位置づけられる。このことは、専門家からのアドバイスにおいても同様である。アドバイザリー会議以外で、専門家に技術的な助言を求めた際には、助言内容をそのまま計画にうつすのではなく、座談会において参加者とともに検討する。
　天王川自然再生事業の座談会では、参加者はこのルールを共有し、再生計画案の作成に向けた話し合いを展開した。

（２）話し合いの場の空間デザイン

　合意形成マネジメントにおいて、話し合いの場の空間をどのようにデザインするかということは重要な検討項目である。机やいすなどの配置、参加者の向ける視線、あるいは意見のやり取りの方法などは、参加者が建設的な議論が展開できるかどうかに大きくかかわるからである。

　座談会での話し合いは、基本的にいすや机は並べずに、会場にシートを広げ参加者全員が同じ高さの目線から同じ方向を向くように円状に座る(図3-4)。一般的な会議の場に見られるように、机を並べてそれぞれが顔を向かい合わせて討議する形では、話し合いに最大の成果を見いだせない。なぜなら、人びとの前に設置された机は、参加者間、あるいは参加者とファシリテータの間に、物理的な距離とともに心的な隔たりを生じさせるからである[11]。また、人間は顔を向けた方向にエネルギーを発するため、参加者が対面で議論を交わすことはお互いのエネルギーを打ち消すことになる[12]。

図3-4　座談会での話し合いのようす

この時に合意形成マネジメントチームが注意したのは、行政関係者や専門家も、地域住民と同じ輪に入って同じ目線で議論に参加することである。たとえば、ある行政関係者が輪の外に出てしまうということは、それは他の参加者と違う立場で話し合いに参加することを認めることになる。天王川自然再生事業の合意形成プロセスでは、参加する人びとがすべて同じ視点で議論するという座談会のスタンスを、話し合いの空間デザインにも反映させた。
　さらに人びとが顔を向ける方向には、意見や議論の経緯をまとめた模造紙を掲示するなどして、参加者が直接、対面で議論を行うことなく、媒介を通じて間接的にコミュニケーションをはかるようにする。天王川自然再生事業における間接コミュニケーションの具体的な実施方法のひとつとしては、天王川流域の大きな地図を用いた例をあげることができる。2008年3月22日に開催した第1回座談会で参加者は、意見をそれぞれポストイットに記入し、会場の床に広げた天王川流域の大きな地図上に貼り付けていった。これは、参加者から出された多様な意見を構造化して整理するとともに、天王川のどの部分に魅力、あるいは課題が多いのかを視覚的に把握しやすくするためである。参加者はこの地図をみながら、意見者・発言者同士で直接やりとりをするのではなく、意見が貼り付けられた地図を介して、天王川の現況や再生後の全体イメージに関する意見を出しあった。

(3)「フィールドワークショップ」の実践

　座談会では、屋内で話し合いを行うだけでなく、議論の段階によって参加者が天王川流域を歩きながら共に状況を確認・共有し、現地で話し合いを実施した。このような手法は「フィールドワークショップ」[13]と呼ばれる(図3-5)。
　「フィールドワークショップ」は、複数の人びとが研究や事業の対象となる空間を実際に歩きながら観察する「フィールドワーク」と、自由討議の手法としての「ワークショップ」を組み合わせてつくられた言葉である。その具体的内容は、学識経験者、行政関係者、NPO、一般市民などの多様な人びと

図3-5 フィールドワークショップの実施

が同一の空間を体験し、その体験を表現することによって空間をとらえる多様な視点を共有し、また多様な視線によって知覚される空間の相貌や意味について理解を深める方法である。人びとは空間を共有しながら語り合うなかで、地域の成り立ちや風景のなかに見え隠れする価値などに気付きはじめる。さらに、空間共通体験をふまえた自由対話によって新しい価値が創造されていくのである。

延藤は、フィールドワークショップを空間づくりにおけるひとつの創発的方法であるとし、次のように述べている。

　　創発的方法は、観察者・行為者と対象(人間－環境など)を分離することなく、対象がもたらすある状況のなかにparticipate・参入することによって、人間－環境系(ヒト・モノ・コト・トキの関係)の「内部」をながめることができるinsiderとなる。なぜならばoutsiderとして「外部」の客観的観察にとどまらず、「内部」への主体的融即(participateとは状況への融即である)をもたらすことにより、人間－環境系の重要なimpressionを把

握することができるからである。Impression（心象化）のexpression（形象化）、すなわち心と形の響きあう関係づくりは、このようにヒト・モノ・コト・トキの関係の内的体験の固有の豊かさによって裏打ちされていく[14]。

　フィールドワークショップは、空間づくりにかかわるすべての人びとがinsiderとなり対話することによって、空間の将来像を描き、そのイメージを共有していくプロセスである。すべての人びとがinsiderになるということは、フィールドワークショップの場を客体として外部から観察する技術者や行政関係者、市民があってはならないということである。参加者みんなが同じ目線に立って、空間をともに歩き語り合うのである。空間共通体験のコミュニケーション方法によって目指すのは、単に自分の意見を主張するだけでなく、他人の意見や発見に耳を傾けることによって合意形成に寄与しうる共通認識を構築していくことである。
　天王川再生事業の座談会では、それぞれの回で取り扱うテーマに応じて適宜フィールドワークショップを行った。座談会におけるフィールドワークショップは次の2点に留意しながら実施した。

①現地では行政担当者や学識経験者が説明を行うだけではなく、地域住民が生活者の視点から天王川流域に関する情報を発信する。
②建設的な議論に向けた素材探しと雰囲気づくりのために、参加者が楽しみながら経験を共有できるイベントを実施する。

　まちづくりなどの現場で市民参加の手法に関して研究を行う石塚雅明は、公共計画の策定段階において実施するフィールドワークでは、現地の情報について行政関係者が一方的に説明を行うだけでは不十分であると指摘する[15]。天王川の事業では、地域住民が流域の歴史、あるいは環境の状態について現地で語る機会を設けた。また、現地を観察するだけでなく、参加者が共に川のほとりで昼食をとるなど、流域の風景を楽しみ、新たな魅力を発

見するためのイベントを企画した。天王川再生事業においてはフィールドワークショップを行うことの主な目的を、参加者が多様な視点から地域の魅力と課題を捉え、それらを共有し、新たな価値や魅力あるいは課題についての認識を深めていくことと捉えた。

(4) ファシリテーションの視点

　座談会の話し合いにおいてファシリテーションを行う際、合意形成マネジメントチームは参加者から常に提案の形で意見を引き出し、建設的な議論を展開することを心がけた。たとえば、第1回座談会では、天王川の「いいところ」と「解決すべき点」の二つのテーマについての意見を求めた。これは、天王川のもつ価値を積極的に見出しながら、現状の課題について建設的な議論を行うためである。特に現状の課題について議論する時に、人びとは批判的な発言をしがちである。そこで、ただ批判的な意見を聞くだけでなく、どうすればよいのかを意見者にたずねることによって、人びとの責任ある発言と具体的な問題解決に向けた議論が可能となる。いわば、意見者は「陳情」ではなく、「提案」の形で発言することとなる。このことは市民参加による公共事業の展開においてきわめて重要な意味をもっている[16]。

　「提案」の形では、「私は……することを提案します」というように、提案の主語が「わたし」となる。「わたしは」という主語での発言は、そのなかに発言者の能動的な意志を含んでいる。佐賀県・松浦川において、昔の氾濫原を自然再生した「アザメの瀬」の再生事業では、合意形成のルールとして、「『してくれ』から『しよう』」を合言葉に、市民の主体性を高める工夫を凝らしている[17]。つまり重要なのは、市民が公共計画に積極的にかかわろうとする姿勢を生み出すことである。したがって座談会においてファシリテータは、参加者の意見をできるだけ「提案」の形で引き出すようなファシリテーションを心がけた。

　また、合意形成に向けた話し合いのなかでは、特定の人の意見ばかりが取り上げられることは望ましくない。ファシリテータが留意しなければならな

いのは、参加者が公平に発言する機会を設けることである。一方で参加者全員が発言すれば、話し合いの時間は長引き、また議論をまとめていくことも難しくなる。

そこで多様な意見を整理し構造化する手法のひとつとして、ＫＪ法[18]をあげることができる。ＫＪ法とは、ポストイットに考えや意見を記入し、それらをグルーピングすることによって、様々な考えのなかから重要なテーマを見出すための思考整理方法である。ＫＪ法をワークショップで活用することの利点は、まず時間的制限のある話し合いにおいて参加者全員が意見を表明することが可能になる点である。次に、それぞれの意見が話し合い全体のなかでどのような位置づけにあるかということを参加者が確認できることである。また、多様な意見をグルーピングすることによって同じような意見とそうでない意見とを構造的に把握することが可能となり、論点を絞って議論を効率的に進めることが可能となる。そのなかで、合意を形成するために重点的に議論すべきテーマが明らかになるのである[19]。

ただ、事業の時間的、あるいは予算的な制約を考えると、すべての意見にひとつひとつ対応することは難しい。したがって、天王川自然再生事業の合意形成マネジメントではあくまで合意形成に向けて解決すべき本質的課題として顕在化した意見・トピックについて重点的に対応することとした。

さらに、ワークショップでは議論の記録も重要な要素のひとつである。Susskindらは、コンセンサス・ビルディング手法における記録係の役割の重要性を次の2点において述べている[20]。

①話し合いの後に、合意した点、合意できなかった点について確認し、議事要旨を作成すること
②議論の重複を避け、参加者が流れを理解しやすいように、話し合いのなかで出てきた重要なキーポイントを板書するなどして、リアルタイムで議論内容を確認できるようにすること

天王川の座談会においてはさらに、参加者の提案に含まれる重要な要素

78　第Ⅱ部　行政主体の自然再生事業における合意形成マネジメント

図3-6　意見を発表する地域住民

を的確に拾い上げるために、自然再生の形状について議論した第4回座談会（2008年9月14日開催）で、天王川の図面に参加者それぞれが考える理想の案を描き、発表した（**図3-6**）。このプロセスは、参加者の個人的な体験と理解によって構築された自然再生形状に関する主観的なイメージを外在化し、さらに他者と共有する作業である。参加型で公共計画を策定する場合に危惧されるのは、事業者が住民の意見を計画案あるいは設計案に落とし込む際に、人びとの意見の意図を十分に汲み取ることができずに、その結果紛争が生じるケースである。座談会ではこのような危険性を軽減するために、言葉のみのやりとりではなく、参加者が具体的な形状を図面に描き、事業主体に提案する形をとった。

　また、座談会における議論はリアルタイムで模造紙などに板書し、参加者が確認できるように掲示しておく。参加者は、板書をみることより、議論の流れや、話し合いで決定したこと、あるいは今後重点的に議論すべき事項を容易に確認できる。

第3節 「天王川自然再生計画(案)」の策定に向けた合意形成

天王川再生事業の合意形成プロセスは、2010年8月の時点までの議論において大きく2つのステージにわけることができる(**表3-4**)。第1ステージは河口部の再生計画案、第2ステージは中流部の再生計画案についての議論である。本節では、それぞれのステージにおいて合意形成に至るまでの経緯を示す。

表3-4 天王川水辺づくり座談会の開催一覧

ステージ	回	開催日	形式	主な議論内容	参加者数				
					地域住民	学識経験者	関係機関	その他	各回合計
1	第1回	2008年3月22日	FW WS	天王川現地見学 天王川の魅力と課題について	26	8	22	0	56
	第2回	2008年5月24日	WS	天王川の課題について 水辺再生のイメージについて	33	4	15	1	53
	第3回	2008年9月14日	FW WS	天王川河口部の再生案について	17	2	19	1	39
	第4回	2009年1月18日	FW WS	河口部再生計画案の提示	26	1	17	3	47
	第5回	2009年5月21日	WS	河口部再生案について	27	2	20	1	50
	第6回	2009年8月10日	WS	河口部再生案について	36	2	18	1	57
2	第7回	2009年10月12日	FW WS	中流部の現地見学 中流部の再生案について	18	2	14	0	34
	第8回	2010年2月25日	WS	中流部の再生案について	20	3	23	0	46
	第9回	2010年6月5日	FW WS	アドバイザーをまじえた現地見学 中流部の再生について	6	7	14	0	27
	第10回	2010年7月3日	WS	中流部再生後の利活用について	31	3	17	1	52

＊WS：ワークショップ　FW：フィールドワーク

（1）加茂湖の漁業者との議論

　天王川は加茂湖という汽水湖に流れ込んでいる。加茂湖ではカキやアサリの養殖が盛んに行われており、多くの人びとが漁業で生計をたてている。そのため漁業者らは、加茂湖に流入する天王川の事業には深い関心を抱いていた。また、過去に天王川や加茂湖周辺で工事を実施した際、漁業者らが加茂湖への悪影響を懸念して反発し、新潟県をはじめとする事業実施者と対立した経緯があった。したがって合意形成マネジメントチームと新潟県は、事業開始前から漁業者が天王川再生事業の重要なステークホルダーであると認識していた。漁業者との合意をいかにして形成していくかが重要なポイントだったのである。

　適切に合意形成プロセスを構築するためには、適切なステークホルダーを話し合いの場に招集しなければならない。合意形成マネジメントチームと新潟県の職員は、漁協の組合長や理事と連絡をとりながら、漁業者へ参加を呼び掛けた。また漁業者以外のステークホルダーに関しても、地域への回覧板、戸別訪問、WEBへの掲載、メーリングリストなど様々な方法を用いて座談会を広報した。

　2008年3月22日に開催された第1回座談会では、流域住民や漁業者など56名の参加のもとで、加茂湖から天王川上流へフィールドワークを行い、その後の座談会で天王川の魅力と現状の課題について話し合った。

　座談会で漁業者たちは、加茂湖の水質悪化や天王川の改修工事による加茂湖への負荷に対する強い懸念を表明した。また、加茂湖の環境の変化によって漁獲量が減少している現状を危惧し、加茂湖の環境再生が必要であることを訴えた。

　第1回座談会の後、合意形成マネジメントチームは加茂湖の漁業者やその他の住民とともに、トキ放鳥と加茂湖の再生について話し合うための「両津談義」というワークショップを実施した。加茂湖の漁業者らは、過去にはイトヨ、シラウオなどの魚類が加茂湖でみられたが、近年は環境の変化によりほとんどみられなくなったと語った。さらに、加茂湖の環境変化の大きな要

因として過去の湖畔の農地保全事業による矢板護岸の整備などを指摘し、加茂湖の再生のためには湖岸にヨシ原を創出し、ヨシによる水の自然浄化作用を促進することが必要であると主張した。

　漁業者らはまた、近年の加茂湖における漁獲量の減少に加えて、環境省や佐渡市が推進しているトキの野生復帰事業に関連した環境整備の取り組みが加茂湖周辺地域で展開されていないことを指摘した。加茂湖周辺には過去にトキが頻繁に訪れていたと話す人もおり、漁業者たちは、トキにとって重要な採餌環境が残存する地域がトキ野生復帰の重点エリアに指定されていないことに対して不満を抱いていたのである。ある漁業者は話し合いのなかで、「トキのためだけの自然再生ではなく、トキをシンボルとして、佐渡全体の自然再生を行うことが必要ではないか」と述べ、他の参加者もこの意見に賛同した。ワークショップでの話し合いを通して、トキのみを中心とした自然再生に対して批判的であった加茂湖の漁業者も、トキ放鳥をきっかけとして加茂湖を含んだ佐渡島全体の自然再生を推進していくという提案に合意したのであった。

　2008年5月24日に開催された第2回座談会では、漁業者が過去の天王川・加茂湖の公共工事をめぐる経緯についての強い懸念を示した。座談会の議論のなかで、天王川河口部付近で漁業を営む住民は、過去に天王川を改修した際に加茂湖のカキ漁に影響が出たと述べた。天王川で工事を行うと必ず河口付近のカキが不漁になったという。このことは漁業で生計を立てる人びとにとっては深刻な問題であり、天王川の改修を行うためには工事による加茂湖への負荷を軽減するための方策が必要であった。また、第1回座談会、両津談義と同様に、加茂湖の漁業者らは近年の加茂湖の環境悪化とカキの不漁を憂慮する意見を表明し、加茂湖も天王川の一部として自然再生を行うことを提案した。話し合いを通して漁業者以外の地域住民も、加茂湖と天王川の関係の重要性を認識した。

　ここで重要な点は、天王川の管理者は新潟県であるが、加茂湖の管理は基本的には佐渡市が行っているということである。また、加茂湖は河川区域に指定されていない。したがって、現状の制度的枠組みのなかでは、天王川自

然再生事業のなかで加茂湖との一体的な整備を行うことは困難であった。座談会で合意されたことを実行しようとすれば、河川整備事業という制度的枠組みを超える何らかの措置を講じなければならなかった。

　これらの議論をふまえて第2回座談会では、①天王川と加茂湖の一体性を確保し、流域全体の豊かな生態系を実現するという方向で事業を進めること、および②流域の一体的な再生を実行していくために多様な人びとが協力し合う場を創出すること、の2点を含んだ提案で合意に至った。合意形成マネジメントチームは、この合意事項を記した提案書を新潟県へ提出し、またアドバイザリー会議において報告した。

　第2回座談会での合意事項をふまえて合意形成マネジメントチームに参加する東京工業大学大学院・桑子研究室は、地域住民と共に、天王川と加茂湖との一体的な再生に向けた調査・研究を行うための「佐渡島加茂湖水系再生研究所」という市民組織を設立した。この研究所は、多様な主体が連携しながら、それぞれのインタレストにもとづいて天王川を含む加茂湖水系の自然環境、および周辺の地域社会を包括的に再生するための実践活動を展開する。つまり、座談会のなかで表明された漁業者らのニーズを具体化していったのである。なお、佐渡島加茂湖水系再生研究所の具体的な活動内容については、第Ⅲ部で詳細に論じることとする。

　第2回座談会での提案事項に合意した漁業者ではあったが、ただちに行政機関に対する不信感が払拭されたわけではなかった。ポイントとなったのは、前述した研究所の企画・設立および加茂湖再生の様々な活動のなかで、漁業者らが他の地域住民や学識経験者だけでなく、対立的な関係にあった新潟県や佐渡市の職員との協働行為を展開し、徐々に信頼関係を構築していったことである。仮に、行政的区割りを理由に加茂湖の再生に取り組むことをしなければ、天王川自然再生事業における加茂湖の漁業者の合意は得られなかったであろう。このことは、後にある漁業者が「もし行政が加茂湖の環境のことを考えないのであれば、『トキ野生復帰反対』、『天王川改修反対』という横断幕を掲げるつもりだった」と語ったことから推測できる。このように天王川再生における合意形成のポイントは、話し合いを通して明らかになった

課題を解決するために、河川事業の枠組みのなかだけで考えるのではなく、制度的枠組みを超えて取り組むべき問題を設定した点にある。そのような活動を通じて、事業に批判的であった加茂湖の漁業者は天王川自然再生に対しても徐々に態度を軟化させていった。

(2) 河口部の再生計画案の提示

　第2回座談会までの議論において、加茂湖の漁業者らは河川改修により土砂などが加茂湖へと流入することへの懸念を示した。このことをふまえてアドバイザリー専門会議(2008年7月11日開催)では、アドバイザーらが専門的見地から次の2点を提案した。それは、①上流から流れてくる負荷をトラップできる環境を整備すること、および②自然再生を河口部から着手することである。新潟県は、アドバイザリー会議での議論内容を受けて、第3回座談会(2008年9月14日開催)で地域住民に対し、河口部の具体的な形状として川の水が湖に出る前に一旦滞留するための小さな湾のような構造の「内湖」を形成する方法を提案した。河口部に内湖機能をもたせることの目的は、出水時に河川からの流出負荷を軽減させるためである[21]。さらに内湖には、ヨシ原や浅場などが形成され、多様な生物の生息空間の創出や水質の自然浄化作用の向上など様々な効果が期待できる。すなわち、内湖を形成することにより天王川改修工事の加茂湖への影響を最小限にとどめ、また加茂湖の環境改善にも貢献しうる機能をもった河口形状の実現を目指した。

　第3回座談会の参加者は、加茂湖に流入する河川で、現在も河口部にヨシ原が広がり、内湖的機能を有している貝喰川の河口部を見学した(図3-7)。貝喰川ではサギやカモなどの鳥類の姿を確認し、内湖のもつ機能と景観に関する情報を共有した。参加者は貝喰川でのフィールドワークをふまえて、各々が考えた自然再生計画案を座談会のなかで提案した。参加者による提案は、細部については異なるものの、河口部左岸側にあるビオトープと天王川との連結、および河口部に内湖を形成するという意見は概ね共通していた。新潟県は、参加者が描いたこれらの再生計画図を座談会の提案する複数案と

図3-7 加茂湖で内湖的構造が残存する貝喰川の河口部(新潟県佐渡市)

して検討した。

　新潟県は、第3回座談会で得られた参加者の提案を技術的および制度的制約と照らし合わせ、河口部の自然再生計画案を作成し、その案を第4回座談会(2009年1月18日開催)で参加者に示した。

(3)下流域住民による反対意見

　河口部自然再生計画案が提示された第4回座談会において、天王川下流域に住む住民の数名が、天王川の治水安全度に対する強い懸念を表明した。彼らは、1998年に発生した8.4水害の被災者であった。彼らは、自然再生よりもまず治水安全度を向上させてほしいと訴え、それまでの座談会などでの話し合いを通して提案された内湖形成案などに反対した。これにより、河口部の自然再生を巡る議論は一時紛糾し、計画案については再度議論することとなった。

　反対意見を述べた下流域の住民のなかには、加茂湖と天王川との一体的な

再生を進めるという事項に合意した漁業者もいた。事業全体の方向性には賛同したものの、再生計画が具体的に示された段階でその案に反対したのである。このような事態はしばしば、「総論賛成・各論反対」という言葉で表される。事業が進み、議論が具体的になっていくなかで、ステークホルダーは自身のインタレストにかかわる事業内容を明確に認識する。そうすることで、事業に対するステークホルダーの新たな意見と、合意形成のための課題が顕在化する。

　議論のなかで下流域の住民らは、新潟県に対して天王川の河口部に堆積した土砂を撤去することを要望した。彼らは過去の自身の経験から、河口部の堆積土砂が川の水の流れを阻害し大雨の時に洪水が発生すると考えていたのである。新潟県は下流域住民の声をうけて迅速に現地の調査を行い、河口部の浚渫工事を実施した。堆積土砂が撤去されたことによって下流域住民の治水安全度への懸念は緩和され、河口部の自然再生計画推進の議論は再度動き出すこととなった。第5回座談会（2009年5月21日開催）で、河口部の安全性と浚渫工事の実施について議論した後、第6回座談会（2009年8月10日開催）で河口部再生計画案、および中流部再生の議論に移行することについて合意に至った。合意形成マネジメントチームは、第6回座談会までの議論を第1ステージとして位置付けている。

（4）中流部再生後の維持管理体制

　第6回座談会での河口部再生計画案についての合意を経て、第7回（2009年10月12日開催）から第10回座談会（2010年7月3日）においては、中流部の再生計画についての議論を行った。合意形成マネジメントチームは、中流部では周辺の地権者や環境活動を行う人びととの工事実施の是非を巡る議論がポイントであると考えていた。しかし、主な争点となったのは再生後の維持管理体制についてであった。

　天王川再生の中心的な目的は、トキの野生復帰を支援することである。トキは主に田んぼや沼沢地、川などの環境で採餌することから[22]、中流部の

再生は事業の目的を果たすうえで極めて重要な意味をもっていた。現状の天王川中流部はコンクリート三面張りの構造になっており、トキが降りて餌をとることは難しい。そこで、アドバイザリー会議の専門家および新潟県は、トキ野生復帰の観点から、中流域の川幅をひろげることでトキが採餌できるような環境をつくることが望ましいと考えていた。ただしそのためには、中流部の田んぼを買収する必要がある。地権者や耕作者が事業に反対すれば、中流部再生の議論が難航する可能性があった。

　また、中流部周辺の田んぼやビオトープでは、2008年9月の一次試験放鳥の後、野生に放たれたトキが実際に採餌していた。したがって、トキのためのビオトープを整備している人びと、あるいはトキのモニタリングを実施している人びとが、飛来しているトキに何かしらの悪影響を及ぼすことを懸念し、再生のための現地調査や工事を実施することに反対することが考えられた。

　以上のような事前に把握できる状況から、合意形成マネジメントチームは、中流域再生の重要なステークホルダーである地権者・耕作者およびトキの野生復帰活動に携わっている人びとに事前にヒアリングを実施した。

　ヒアリング調査で明らかになったのは、中流域の土地の地権者は再生事業を肯定的に捉えているということであった。中流域の田んぼでは耕作放棄地が目立つ。その背景にあるのは、地域社会の高齢化である。地権者は、後継者が不足するなかでそれほど生産性の高くない農地を維持することが難しい状況だと語った。そのため、再生事業のなかで土地を有効に活用できることは好ましいと考えていた。

　また飛来するトキへの配慮については、長期的視点に立った場合、佐渡島内でトキが採餌できる河川環境が不足していることから、河川再生に取り組むことが肝要だという意見がアドバイザリー会議の専門家からあがった。

　その結果、第7回、第8回座談会（2010年2月25日開催）での話し合いを通して、中流部を拡幅し、湿地環境を創出するという案で合意に至った。またその合意事項には、①飛来しているトキに十分に配慮しながら試験的に工事を実施すること、②周辺の耕作放棄地を利用すること、を条件として組み込

んだ。

　しかし、河道を拡幅し、また草丈や樹木の繁茂を抑えてトキの採餌できる環境を維持するためには、頻繁なメンテナンス作業が必要となる。したがって、再生後の維持管理をどのような体制で実施するかが重要な課題であった。新潟県にとっては、ある程度の管理作業は可能であっても頻繁に草刈りなどを行って環境を維持するための財源を確保することは難しい状況であった。

　また、河川再生を展開するうえで重要な課題として示されているのは、河川空間の維持管理プロセスに地域住民が積極的にかかわるための体制の構築である[23]。天王川再生においても、再生後の維持管理にどのような主体がどのような方法でかかわるかが重要な論点であった。

　そこで合意形成マネジメントチームは、佐渡島内の環境系の専門学校に天王川再生事業の概要を説明し、学生の技術教育の現場として活用することを提案した。天王川再生は、日本全国のなかでも中小河川再生の先端的な取り組みとして位置付けられている。学校側は、この提案に賛同し、その後の座談会に学生や教員が参加した。第10回座談会では専門学校生たちが自ら主体的に再生後のマネジメントにかかわることを提案し、またそのプロセスで地域住民や子どもたちとの連携を促進していくと語った。

　こうして中流部再生案についても座談会での合意へと至り、事業は具体的な工事実施のための技術的な調査・設計の業務へと進んでいった。合意形成マネジメントチームは、中流部再生案についての合意形成までの議論を第2ステージとして位置付けている。

　以上のように、天王川自然再生事業の合意形成プロセスでは、様々な意見や課題が顕在化した。合意形成マネジメントチームは、座談会での参加者からの意見および話し合いの内容をその場で集約しながら、最後に参加者と共有・確認した。また、チーム内、新潟県、および学識経験者等と常に協議しながら、課題の整理を行った。その結果、事業の合意形成に向けての特に重

88　第Ⅱ部　行政主体の自然再生事業における合意形成マネジメント

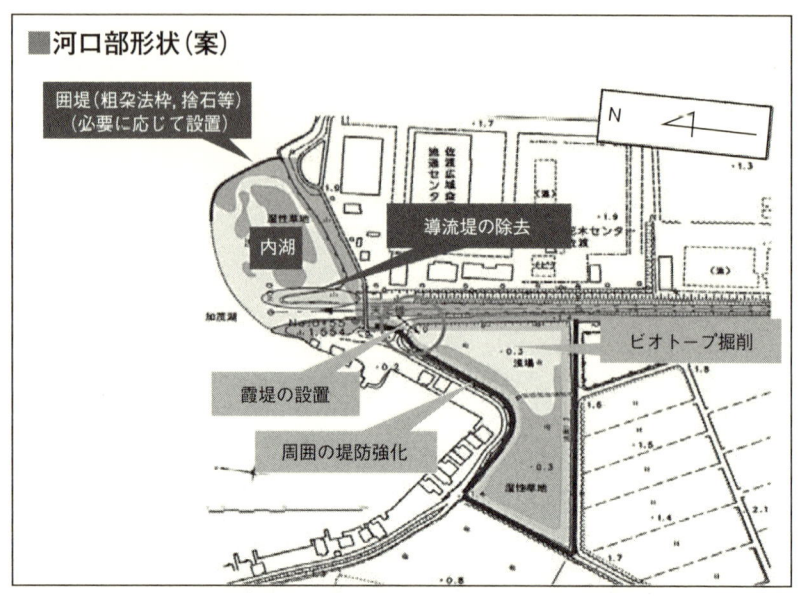

図3-8　河口部の自然再生計画案（出典：第6回座談会資料）

図3-9　中流部の再生イメージパース
(出典：リバーフロント研究所報告　第22号)

要な課題として次の6点を抽出した。

①過去の公共事業に関する経緯をめぐって、加茂湖の漁業者と行政機関との間に対立関係が存在したこと。
②加茂湖の漁業者は、トキや天王川だけを中心とした自然再生の推進に反対の意見をもっていたこと。
③天王川と加茂湖の一体的な整備の必要性が関係者間で認識されたものの、加茂湖は河川区域に指定されておらず、河川事業での一体的整備は現状の制度的枠組みのなかでは不可能であったこと。
④座談会での合意のもとに作成された河口部の形状について、治水安全度を危惧する下流域住民から反対意見がでたこと。
⑤河口部の自然再生形状に反対した住民から、河口部に堆積した土砂を撤去する要望が出たこと。
⑥中流部再生後の維持管理体制について見通しをたてること。

天王川自然再生事業の合意形成は、話し合いと協働行為のなかで明らかになった上の6点の課題について、その解決に取り組むことで実現した。さらに合意形成の成果として事業主体の新潟県は、河口部の自然再生計画案(図3-8)、および中流部の再生イメージ(図3-9)を作成し、地域住民に提示した。

■註
1　新潟大学佐渡市環境教育ワーキンググループ編集：佐渡島環境大全、新潟県佐渡市、p.131、2008。
2　後藤袈裟登：ニッポニアニッポン、新風舎、pp.27-75、2005。
3　佐渡トキ保護センター　野生復帰ステーションホームページ (http://www4.ocn.ne.jp/~ibis/station/index.html)。
4　新潟県ホームページ「佐渡地域河川(国府川水系他)再生計画の概要」(http://www.pref.niigata.lg.jp/HTML_Article/tokikawa18,0.pdf)。
5　新潟県佐渡地域振興局　地域整備部ホームページ (http://www.pref.niigata.lg.jp/sado_seibi/)。
6　島谷幸宏：河川環境の保全と復元、鹿島出版会、pp.2-4、2000。

7 前掲(島谷、2000)、pp.7-9。
8 柴田久:環境都市に向かう景観の訴求力、in 環境と都市のデザイン(齋藤潮、土肥真人編著)、学芸出版社、pp.46-70、2004。
9 原科幸彦、村山武彦:アドホックな代表者による合意形成の枠組み、in 市民参加と合意形成(原科幸彦編著)、学芸出版社、pp.41-60、2005。
10 環境省地球環境研究総合推進費(F-072)。
11 Doyle, Michael & Straus, David: *How to Make Meeting Work*, (斎藤聖美訳:会議が絶対うまくいく法、日本経済新聞社), pp.166-169, 2003.
12 前掲(Doyle & Straus, 2003)、pp.170-173。
13 桑子敏雄編:日本文化の空間学、東信堂、2008。
14 前掲(桑子、2008)、pp.20-25。
15 石塚雅明:参加の「場」をデザインする、学芸出版社、pp.77-78、2004。
16 桑子敏雄:提案のための文法―市民参加とコミュニケーション―、感性哲学5、pp.64-78、2005.9。
17 自然再生を推進する市民団体連絡会編:森、里、川、海をつなぐ自然再生、中央法規、pp.153-166、2005。
18 川喜田二郎:発想法、中公新書、1967。
19 名倉広明:ファシリテーションの教科書、日本能率協会マネジメントセンター、pp.96-98、2004。
20 Susskind Lawrence E. & Cruikshank, Jeffrey L. : *Breaking Robert's Rules*, Oxford University Press, (城山英明、松浦正浩訳:コンセンサスビルディング入門、有斐閣), pp.75-76, 2006.
21 中村圭吾、森川敏成、島谷幸宏:河口に設置した人口内湖による汚濁負荷制御、環境システム研究論文集、Vol.29、pp.115-123、2000.10。
22 後藤袈裟登:ニッポニア・ニッポン、p.24、新風舎、2005。
23 多自然川づくり研究会編:多自然川づくりポイントブック、pp.94-106、財団法人リバーフロント整備センター、2007。

第4章
地域社会におけるインタレスト形成の構造分析

　天王川自然再生事業の合意形成プロセスでは、漁業者、下流域住民、中流部住民などのステークホルダーの間で様々なインタレストが存在していた。そのなかで明らかになったのは、ステークホルダーのインタレストは、地域の時間的空間的要素と深くかかわっているということであった。合意形成マネジメントチームはこのことをふまえて合意形成に向けた課題解決に取り組み、その結果、河口部および中流部の再生計画案について合意形成に至った。本章では、ステークホルダーのインタレストが形成される経緯についての理論的な考察を行う。さらにその考察にもとづいた天王川再生事業での実践経緯について論じ、ステークホルダーのインタレストが地域の時間的空間的諸条件と密接に関係していることを明らかにする。

第1節　意見・意見の理由・理由の来歴

(1)意見の理由としての「関心・懸念」

　合意形成マネジメントを実践するうえで重要なのは、ステークホルダーの「事業に賛成か反対か」という意見だけでなく、「なぜ賛成なのか、なぜ反対なのか」という意見の理由、すなわちインタレスト(関心・懸念)を問うことである。なぜなら、同じ賛成や反対といった意見のなかでも、その理由が異なれば事業に対して具体的に求める内容も異なることから、意見の理由を適切に把握せずに意見レベルでの調整に終始するだけでは、その後に対立や紛争の

可能性を残すことになるからである。合意形成マネジメントの実践者は、このインタレストの多様性が合意形成プロセスの複雑な状況を生み出しているということを認識しなければならない。

「インタレスト (interests)」という言葉は、合意形成マネジメントの文脈ではしばしば日本語で「利害[1]」と訳される。しかし桑子は、社会的合意形成マネジメントを論じるうえでは、インタレストの訳語としての「利害」という言葉はやや偏りがあると指摘し、インタレストとはすなわち人びとの「関心・懸念」であると主張する[2]。ある意見について「なぜそう考えるのか」とたずねた時、「なぜ」の答えに該当するものがインタレストである。

たとえば、河川整備の事例における流域住民というステークホルダーを考えた場合、事業に賛成する理由として、整備の実施によって治水安全度が向上することを望んでいたとすると、そのステークホルダーの抱くインタレストは利害と呼んでよいかもしれない。なぜなら、整備工事を実施することはステークホルダー自身の安全な生活環境という「利」を実現し、逆に整備が実施されなければ洪水時に浸水するかもしれないという「害」の可能性を含んでいるからである。

しかし、意見の理由が、必ずしもそのステークホルダーの直接的な利害にあるとは限らない。たとえば、ある住民が河川再生事業への賛成の理由として「流域に住む子どもたちのために生き物が豊かで水辺にアプローチできるような水辺空間を実現してほしい」ということを述べた場合、それは利害というよりもむしろ子どもを取りまく環境への「関心」である。また「河川整備事業に賛成はするが、工事実施後に水辺の景観が人工的になってしまうのは嫌だ」といった意見と意見の理由は、ひとつの心配事であり、「懸念」である。第2章で論じたように、多様な人びととの間で創造的な提案をつくりあげていくための努力のプロセスとして合意形成を実践する場合、重要なのはステークホルダーの直接的な利害だけでなく、事業に対する様々な考えや思いを共有し、そのなかで話し合い、協働のもとに提案をつくりあげていくことである。したがって意見の理由としての「インタレスト」は「関心・懸念」と捉えることが適切である。

インタレストを関心・懸念と捉えることはまた、合意形成の現場における実践上の重要な意味がある。ワークショップなどの話し合いの場においてファシリテータが発言者に対して意見の理由をたずねる時、「あなたの利害は何ですか」と問うことは、その人の意見の理由が利己的であるという印象を他のステークホルダーに与えかねない。そのため発言者も率直な思いや考えを答えづらくなるということも考えられる。そこで天王川自然再生事業の合意形成マネジメントチームは、インタレストを「関心・懸念」という言葉に置き換えて、ステークホルダーが抱く意見、および意見の理由を引き出すことに努めてきたのである。合意形成が難しいのは、事業にかかわる人びとが意見の理由としての多様なインタレスト、すなわち「関心・懸念」を抱いているからである。

(2) 合意形成マネジメントにおける「理由の来歴」の重要性

ステークホルダーの多様なインタレストの基礎にあるのはどのような要素だろうか。産科医療と合意形成について研究する吉武久美子[3]は、意見の理由としてのインタレストが形成される経緯を「理由の来歴」という言葉で表現し、医療現場における意思決定プロセスの課題について、次のように述べている。

> 合意形成論の枠組みにおいて核心に位置することは、意見の理由こそが状況の多様性を生み出す要因だということである。なぜなら、意見が形成された根拠を示すのが意見の理由であり、この理由には、個人それぞれの履歴が含まれているからである。すなわち、理由は、個人史のなかで形成されたものである。……理由の来歴こそが意見の多様性の根拠になっているのであり、このことの十分な認識を関係者がもたなければ、対立・紛争の解決は困難である。

意見の理由としてのインタレストが形成される背景には、ある人の周辺で

起こった過去の出来事、体験、あるいはその人を取りまく状況といった個人的な履歴が深くかかわっている。たとえば、渋滞緩和のための道路拡幅工事に対して、交通量が増加することによる安全度の低下を理由に拡幅に反対している人は、家族に小さな子どもがいるかもしれない。さらに、行政担当者がもつ「渋滞を緩和するため」という道路拡幅工事の理由の背景には、道路沿いの住民からの強い要望、あるいは「渋滞緩和により都市環境を改善する」という行政方針などが考えられるだろう。このように、人びとの意見の背後にあるインタレストは、その人をとりまく環境や立場、あるいは社会的状況、制度等の要素が複雑に絡み合って形成されるのである。すなわち、「理由の来歴」が多様なインタレストの基礎なっている。さらに吉武は、「理由の来歴」という概念に含まれる要素について、次のように述べている。

> 「来歴」という概念は、現在に至る過去からの蓄積であり、また将来への可能性を示す。したがって、これに含まれる要素は、理由のもとになる事柄、すなわち①理由の形成契機、それが現在までのどのような経験で形成されたのかという②理由の形成過程、③現在抱いている意見の理由、選択後にどのような結果を見据えているのかという④結果の方向性の4点である[4]。

このような4つの要素を含む「理由の来歴」が合意形成マネジメントにおいて重要な理由は、ひとつはステークホルダーのニーズを深く知ることが可能となる点にある。また、合意形成マネジメントの実施者がステークホルダーのニーズを深く知ることで、そのニーズをどこまで満たすことができるか、さらにそのうえでどのような案を選択すべきか、ということを検討することが可能となる。

理由の来歴をふまえた合意形成とは、吉武が「過去から現在、そして未来を見通したうえで、今を考えるという見方である[5]」と述べるように、ある選択の後にどのような結果が生じうるかということを過去からの文脈のなかで想定し、そのうえで現在においてステークホルダーにとって最善と考えら

れる選択を行うことである。話し合いのプロセスなどを通して理由の来歴を認識することで、ステークホルダー自身がそれまで気付いていなかった潜在的な価値や感情に気付くことにもつながっていく。そうすることで、合意形成に向けた新たな選択肢が見出される可能性も広がる。

一方、吉武が論じているのは医療現場における合意形成の場面であり、いわばステークホルダーがある程度限定されたシチュエーションである[6]。したがって、自然再生事業の合意形成とはやや事情が異なる。第2章で論じたように、自然再生事業においてはすべてのステークホルダーを厳密に特定することは難しい。そのため、合意形成マネジメントの実施者がすべてのステークホルダーの理由の来歴を把握することもまた困難である。しかし、医療現場でも自然再生事業でも、合意形成のための重要な要素は意見の理由としてのインタレストであるという部分は共通している。自然再生事業においてステークホルダーの理由の来歴を完全に把握することは困難であるが、納得にもとづいた合意形成を実現するためには、合意形成マネジメントの実施者は工夫されたコミュニケーション手法を通じてインタレストの背景となっている出来事や事情を把握することに努めなければならない。したがって自然再生のような不特定多数のステークホルダーが存在する事業においても、インタレスト形成の背景を把握するための努力は、合意形成に向けての重要な作業である。

（3）環境に対するイメージの個別性と共通性

自然再生事業に対して人びとが様々な意見やインタレストを抱くのは、人びとの環境に対する知覚、あるいは認識のあり方とも深くかかわっている。自然再生事業は、ある空間を再編しようとする行為である。したがって、再編される空間あるいはその周辺環境に対して、人びとがどのようにかかわっているかということが事業に対するインタレストを分析するうえで重要な要素となる。

中村良夫は、人びとが知覚する環境の姿としての景観を「人間をとりまく

環境のながめ[7]」であると定義している。景観工学者の斎藤潮によれば、「ながめ」は、①外的環境、②外的環境から網膜が受け取った刺激群、③刺激群に一定の脈絡を見出すために特定の刺激をより分ける人間の内的(主観的)システム、の3者の連携によって成り立っている[8]。人間は内的システムを介して空間を知覚するため、たとえ同じ場所から同じ対象をみていたとしても、自身の関心や興味に従ってそのながめは異なる。景観体験は、個人の関心・興味といったフィルターを通して、様々な空間構成要素の関係を体験する主観的なものである。

　風景を眺めている時、すぐ目の前にある高い木や高層ビルは、そこから見える対象物を制限する。当然、木やビルの背後にある小さな建物や人などはその場からは見えない。さらに眼前の風景を規定する重要な要素はそのような物理的な制限だけでなく、その人がどのような経緯でその場に立っているかということもまた影響する。例をあげれば、2012年1月1日の午後3時の時点における目の前の風景は、その日の朝の何時に家を出てどの電車に乗り、どの駅で下車し、さらにどのような道を選んで歩いてきたか、というような事前の行動に規定される。桑子は、ある人の前に広がる、ある時点における風景のもつ意味について、次のように論じている。

　　わたしたちの「生きていること」は、「どこで」から切り離せない。わたしたちは、生まれたときから、つまり、生を開始したときから、自己の生の営まれる空間の相貌、つまり、「どこ」の相貌を知覚し、記憶する。その記憶は、生まれてからの遭遇と選択の織りなしのなかで蓄積されていく。「与えられ、めぐりあい、選んだこと」の蓄積として現在の空間知覚の風景がわたしの前に広がっている。わたしが今この風景を見ているのは、生を与えられてから、さまざまな物や事や人々にめぐりあい、選択可能なことを選んだ帰結である。わたしがわたしの生のなかのエピソードの積み重ねを欠いていたら、いまわたしの身体の前に広がる風景は、まったく異なったものであったろう[9]。

ある人の、ある時点における眼前の風景は、その人の人生における所与・選択・遭遇の帰結として展開している。所与とは、たとえばその人がどのような土地のどのような家にどのような順番で生まれたのか、というようなことを含んでいる。また選択とは、その人がどのような進路を選んだのか、結婚相手としてどのような人物を選んだのか、ということである。さらに遭遇とは、学校や職場でどのような人びとと出会ったのかということを含んでいる。人びとは与えられた環境や条件のなかで、様々な事象や人物と出会い、さらに自らの意志で自らの進む方向性を選ぶ。

　桑子の論をもとに天王川における8.4水害のケースを考えるなら、天王川の洪水の風景、あるいは浸水した住居の風景は、彼らの人生における様々な事象の積み重ねによって現れる。天王川における水害経験は、単にその時の条件による偶発的な出来事なのではなく、下流域住民ひとりひとりのライフヒストリーと深くかかわっている。このことは、加茂湖の漁業者や他のステークホルダーにおいても同様である。人びとの眼前の風景は眺める主体のライフヒストリーのうえに立ち現れ、さらにその風景を自身の主観的システムというフィルターを通して知覚する。そのようにある空間、ある環境は、人びとの多様な視点によって異なった仕方で知覚される。

　では、人びとがそれぞれの視点によって知覚する空間のあり方は個別的なものであって、多数の人びとの間で共通性はみられないかというと決してそうではない。アメリカで都市デザインについての研究を展開したKevin Lynchは、人間が都市空間の構造を認識する場合の重要な手掛かりとなるものは「環境のイメージ」だと述べている[10]。環境のイメージとは、個々の人間における過去の経験と現在の知覚の両者から生じるもので、人びとが物理的外界に対して抱く総合的な心像のことである。一方でそのようなイメージが、不特定多数の人びとの間で共有される場合があると主張する。Lynchはこれを「パブリック・イメージ」と呼ぶ。「パブリック・イメージ」は、ある特定の物理的現実、共通の文化、および基本的な生理学的特質が相互作用を行う場合にあらわれる一致領域である。

　Lynchが述べるような、ある空間に対するイメージが多数の人びとに共有

される現象を、中村良夫は「風景の集団表象」という考え方で説明している。

　　特定の社会集団、あるいは特定の文化圏内で暮らしている人びとのあいだには、ある種の風景イメージが共有されているのがふつうである。……こうした共通の風景イメージとその名称を媒介として人びとは、その共同体の生活空間のこみ入ったことがらについて想念を交わし、語り合って、たがいに結びつけられる。したがってそれは、特定の集団内で通じることばのような性格をもっている。これを、社会学者のことばづかいにならって、「風景の集団表象」と呼ぼう[11]。

　つまり、個人の経験や関心に基づいて構成される景観に対する主観的なイメージは、何らかの条件により複数の人びとの間で共有されうるということになる。中村は、人びとの間で共有された景観のイメージが言語や芸術作品などにより外在化されることによって、名所などの人びとに好まれる空間が実現すると述べている[12]。また樋口忠彦は、人びとの間で体験が共有されることによって共有の風景が誕生し、「いい風景」として一般化されていくと論じている[13]。合意形成プロセスを含んだ社会基盤整備事業のように、不特定多数の主体の視点をふまえて環境のあり方を議論する場合は、個別的に体験される環境を、多様な形でのコミュニケーションを通して多くの人びとで共有することが重要な意味をもつ。

　環境の個別性と共通性について理解するための概念として、心理学者であるJ.J.Gibsonは「アフォーダンス[14]」という概念を提案した。「アフォーダンス」は、「供給する」と「〜できる」の両方の意味を合わせもつ「アフォード (afford)」という動詞を語源としたギブソンによる造語である。たとえば、固くて平らな平面は、人間や四本足の動物などに「立つこと」をアフォードするが、水面は立つことをアフォードしない。一方、アメンボという動物にとっては、水面はその上を移動することをアフォードするのである。アフォーダンスは常に、知覚者と知覚される対象との関係において出現する。しかしそれは、単に主体の視点に従属するだけでなく、対象のもつ不変の要素でも

ある。

　もうひとつ例をあげれば、ある親子が道を歩いている時、その道に幅50cm、深さ50cmの溝が、蓋をかぶせられずに横切っていたとする。身長が170cmある大人にとっては、その溝は飛び越えることをアフォードする。「飛び越えることができる」という溝に対する印象は、その人の個人的個別的感覚ではなく、ある程度の身長をもった大人の間では共有されうる特性である。しかし、まだ歩きたての子どもにとっては飛び越えることをアフォードせず、落ちてけがをするということをアフォードする。したがって、「幅50cm、深さ50cmの溝」は、大人と子どもの間で異なるアフォーダンスをもつことになる。しかし、そのどちらもが「溝」のアフォーダンスなのである。

　人びとは、環境のもつ物理的客観的性質が同じであるからといって、みな同じようにその環境を知覚するわけではない。一方で、環境を知覚する主体の属性に応じて、その環境のあり方に共通性がみられる場合もある。このことを合意形成の観点から述べれば、ステークホルダーは不変性と動性を組み合わせながら自身が生きられる環境を知覚し、さらにそのうえで地域空間や空間を再編する事業に対するインタレストを形成しているということになる。

　合意形成マネジメントの実践者は、まず意見・意見の理由・理由の来歴の3つの要素を区別して考えなければならない。意見の理由としてのインタレストが形成される背景を理解し、そのうえで対立の克服に向けた方策を検討することが求められる。さらに人びとの多様な視点によって知覚される環境のあり方は、単に個別的主観的なものではなく、何らかの条件のもとで多くの人びとのなかで共有されうるという認識が不可欠である。

第2節　インタレスト分析とコンフリクト・アセスメント

　天王川再生事業の合意形成マネジメントチームは前節で述べたような認識に立ち、ワークショップやフィールドワーク、あるいは必要に応じて個別にヒアリングを行うなどして、ステークホルダーの「理由の来歴」を把握するこ

とに努めた。さらに人びとが個別的に知覚する地域空間に対するイメージは、何かしらのきっかけをもって共通性をもちうるという考えのもとにステークホルダーのインタレスト分析を行い、また具体的な課題解決の方策を検討した。本節では、天王川自然再生事業でのインタレスト分析の具体的な実践内容について論じる。

（1）河口部再生に関する合意形成プロセスでのインタレスト分析

天王川自然再生事業では、河口部の自然再生計画案について合意に至るまでをステージ1と位置付けている。ステージ1における特徴的なステークホルダーとそのインタレストを表4-1に示す。前章で詳しく論じたように、河口部の自然再生計画案に関する議論では、加茂湖の漁業者との合意形成が重要なポイントであった。天王川と加茂湖に関する議論を展開するなかで、加茂湖の漁業者ら（ステークホルダーA、B、C）は、天王川中流での工事実施が加茂湖へ悪影響をもたらすことを危惧し、当初、再生事業に反対していた。つまり、下流側の加茂湖からみた天王川は「加茂湖に環境負荷をもたらす可能性のある空間」と認識されていたのである。一方で、天王川流域の集落の住民でも、中流部でトキのためのビオトープづくりを精力的に行っている農家（ステークホルダーD）は、座談会で話題があがるまではほとんど加茂湖の環境について考えたことがなかったと話した。彼らは、天王川を環境保全活動の大事な舞台として捉えており、天王川再生に対しても肯定的であった。

下流域住民が河口部の再生に反対したケースでも同様の構造をみることができる。川沿いの低地に住居をかまえる人びと（ステークホルダーC）は、天王川の事業に対して、なによりもまず治水安全度の確保を求めた。一方で、環境や水質の問題を天王川再生の最も重要なテーマとして捉えていたのは、天王川からやや離れた場所に住んでいる人びと（ステークホルダーA）か、あるいは天王川付近の丘陵地の上に住居をかまえる人びと（ステークホルダーB）であった。つまり、天王川の水が氾濫しても、比較的に被害にあう可能性が低い地域の人びとである。

表4-1　ステージ1における特徴的なステークホルダーとそのインタレスト

ステーク ホルダー	属性	居住地あるいは 主な活動場所	再生事業に対する意見	インタレスト
A	漁業者	天王川からやや離れた加茂湖畔地域	加茂湖に悪影響が出るのなら中流部の再生に反対	天王川中流で工事を実施することによって加茂湖へ負荷が流出し、加茂湖の水産資源に悪影響がでることを懸念している。
			加茂湖への負荷流出の低減および加茂湖の環境改善につながる河口部再生に賛成	加茂湖の環境劣化に危機感を抱いており、天王川と加茂湖を一体的に再生してほしい。
B	漁業者	天王川下流域（河岸段丘上）	加茂湖に悪影響が出るのなら中流部の再生に反対	天王川中流で工事を実施することによって加茂湖へ負荷が流出し、加茂湖の水産資源に悪影響がでることを懸念している。
			加茂湖への負荷流出の低減および加茂湖の環境改善につながる河口部再生に賛成	加茂湖の環境劣化に危機感を抱いており、天王川と加茂湖を一体的に再生してほしい。
C	漁業者	天王川下流域（河岸段丘下）	加茂湖に悪影響が出るのなら中流部の再生に反対	天王川中流で工事を実施することによって加茂湖へ負荷が流出し、加茂湖の水産資源に悪影響がでることを懸念している。
			河口部の流れが悪くなるような内湖整備案に反対	8.4水害で大きな被害をうけたことから、とにかく治水安全度を向上させてほしい。
D	農家	天王川中流域	中流部再生に賛成	トキのためのビオトープづくりを展開しており、餌場としての河川環境が実現されることは好ましい。
			河口部の再生には無関心	加茂湖の環境を気にしたことがなかった。

　さらにステークホルダーCのインタレストの背景に存在するのは、1998年発生した8.4水害である。彼らの天王川に対するインタレストは、天王川流域で発生した自然災害の経験という彼ら自身の経験にもとづいて形成され

ている。また、漁業者が天王川での人為的改変に敏感に反応することについても、過去の公共工事の経緯、あるいは漁業の不振といった歴史的背景をもっていた。

(2) 中流部再生に関する合意形成プロセスでのインタレスト分析

中流部の再生計画について議論した第2ステージでは、新潟県はトキが餌場として利用できるような河川環境の創出のために、中流部の川幅を広げ、緩やかな水の流れを実現することを目指した。その計画を実現するためには、現況流路周辺の土地を河川区域として確保しなければならない。したがって、周辺の土地の地権者および利用者が中流部再生の重要なステークホルダーとなる。天王川では下流から上流まで、流路の脇に連続して田んぼが広

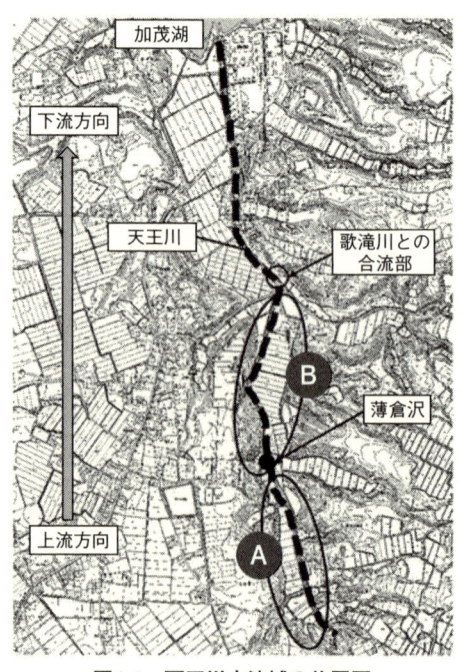

図4-1 天王川中流域の位置図

表4-2 ステージ2における特徴的なステークホルダーとそのインタレスト

ステークホルダー	属性	主な活動場所	再生事業に対する意見	インタレスト
E	農業者	天王川中流部の田んぼ(Aエリア)	中流部の拡幅を伴う再生工事に賛成	耕作を放棄した土地を積極的に提供したい。
F	農業者	天王川中流部の田んぼ(Bエリア)	中流部の拡幅を伴う再生工事に賛同はできない	耕作している土地を手離したくない。
G	農業者	天王川中流部のビオトープ	中流部の再生プランがどのようなものになるか不明であるため、賛成も反対もしない	トキのために安定した餌場を創出したい。
H	トキの保護活動の関係者	天王川中流域全域	現状の田んぼでトキが採餌しているので、あえて中流部を再生する必要はないという考え	飛来するトキに何らかの悪影響が出ることは許容できない。

がっている(図4-1)。ただ、薄倉沢より上流側(Aエリア)には耕作が放棄された土地が目立つようになる。空間の構造をよくみてみると、Aエリアは農業用管理道路が十分には整備されておらず、川沿いの農地の間を車や大型の耕作機械が走ることは困難である。また、山付部の農地では、山側から農地へ水が多く湧き出ている。地権者の話によれば、Aエリアは田んぼの地盤がゆるく、大型機械での作業が困難で、かつては手作業で田植え、稲刈りをしていたこともあった。しかし、高齢化が進むなかでやがて耕作することをやめてしまったという。そのためAエリアの地権者(ステークホルダーE)は、悪条件の田んぼを放置しておくよりも河川改修事業によって有効に活用してもらうほうが好ましいと考えており、中流域の再生計画にも肯定的であった。

一方で持続的に耕作されているBエリアは、田んぼの地盤環境が良好である。周辺の管理道路も整備されていることから、機械による効率的な作業が可能であり、Aエリアに比べて農地の生産性は高い。そのためBエリアの地権者(ステークホルダーF)は、中流域再生による流路拡幅に懸念を示しており、現況以上に川幅を広げないことを望んでいた。

中流域再生では、農地の地権者・耕作者だけではなく、トキの保護活動に

携わる人びともまた重要なステークホルダーであった。なぜなら、2008年9月に放鳥されたトキが天王川中流部に飛来していたからである。歌滝川との合流部から上流にかけては両岸に小高い河岸段丘が伸びており、天王川は谷戸地形の間を縫うように流れている。トキの野生復帰を担当する環境省の職員によれば、天王川の中流域のような適度に閉ざされた地形構造は、トキの好む環境だという。また、トキは田んぼや湿地のような環境で採餌することが多い。前述したように天王川中流域には田んぼが広がっており、また耕作放棄地のいくつかも地元の住民によってトキの餌場としてのビオトープ整備が行われている。さらには、薄倉沢と呼ばれる個所には温泉が湧いており、地域の高齢者の話では、ここは厳冬期も凍結することがないため、かつて絶滅する前の野生のトキが採餌する姿を頻繁にみることができた。以上のような背景から、トキの餌場のためのビオトープ整備を実施する地域住民（ステークホルダーG）、あるいはトキのモニタリングを実施している人びと（ステークホルダーH）も中流部での工事に懸念を示していた。

　ビオトープ整備を展開する地域住民（ステークホルダーG）は、トキのために安定した餌場を確保することが大事だと考えていた。しかし座談会の話し合いのなかで、はじめのうちは中流部再生計画に賛成も反対もしなかった。なぜなら、中流部に関する議論の初期段階ではまだ再生計画プランやその具体的効果が示されていなかったからである。また、トキのモニタリングを行う人びと（ステークホルダーH）は、試験放鳥後に飛来していたトキに影響が及ぶことを最も懸念していた。彼らは座談会のなかで、天王川周辺には現状でトキが採餌できる環境があるにもかかわらず、あえてそこで工事を実施することに疑問があると語った。むしろ河川で工事を実施することでトキが天王川周辺に飛来しなくなることは許容できないと述べた。

第3節　インタレストの時間的空間的要因

　天王川自然再生事業でのインタレスト分析からわかることは、ステークホルダーのインタレスト形成には地域の空間的要素が深くかかわっているとい

うことである。ステージ1での議論では、同じ集落の住民、あるいは同じ漁業者という立場でも、流域内の多様な地形構造のなかで、活動場所が河川の上流から下流のどこに位置するか、あるいは川沿いの低地か丘陵地上のどこに住んでいるかによって、事業に対するインタレストに大きな差異が生じていた。またそこには水や土、生物などの自然物の挙動、あるいは降雨といった気候現象も関係している。ステージ2の議論でも同様にステークホルダーのインタレストは、地盤の状況や湧水の有無、耕作地の環境、あるいは野鳥の好む地形などの条件とかかわっていた。

　さらに、空間的条件だけでなく、過去の公共工事の経緯や環境の変化、あるいは個人的な活動経緯など、事業の対象空間およびその周辺における過去の出来事が、人びとのインタレストに強く影響していた。すなわちステークホルダーのインタレストは、地域の自然環境や地形といった空間的要素、および地域・個人の歴史的経緯といった時間的要素と関係的構造にある。合意形成マネジメントチームはこのことを念頭に置きながら、合意形成プロセスをマネジメントし、具体的な課題解決案を検討していった。

　天王川自然再生事業の合意形成プロセスにおいて明らかになったステークホルダーのインタレストを、空間的要素、時間的要素との関係に着目してさらに整理すると**表4-3**のようになる。加茂湖へ環境負荷が流入することへの懸念は、天王川周辺の地形構造や天王川から加茂湖への水の流れといった空間的要素のなかで形成された。またそこには時間的要素として、過去の天王川における公共事業、あるいはカキが不漁となった経緯が影響している。加茂湖再生へのインタレストは、改修事業によって護岸された加茂湖の湖岸環境や変化した加茂湖の水質といった空間的要素、またカキ不漁の経緯、加茂湖における過去の公共工事、さらにかつて生き物が豊かだった加茂湖の記憶といった時間的要素のなかで形成されている。下流域の住民が抱いていた治水安全度に関するインタレストには、天王川流域の河岸段丘の形状や降雨時の水の流れ、また過去の水害の経験が関係していた。

　前述したように座談会では、漁業者が天王川と加茂湖の一体的な再生を求めていた。天王川再生事業では、漁業者らとの合意形成なしでは、事業を実

表4-3 時間的空間的要素に着目したインタレスト分析表

ステージ	インタレスト	空間的要素 / 時間的要素
1	天王川での工事実施による加茂湖への環境負荷流入への懸念	天王川周辺の地形構造(河川の上下流) 天王川から加茂湖への水の流れ
1	天王川での工事実施による加茂湖への環境負荷流入への懸念	天王川における公共工事の経緯 カキ不漁の経緯
1	加茂湖の環境再生へのニーズ	護岸された加茂湖の湖岸環境 加茂湖の水質
1	加茂湖の環境再生へのニーズ	カキ不漁の経緯 加茂湖における公共工事の経緯 生き物が豊富であったかつての加茂湖の記憶
1	治水安全度の向上	天王川周辺の地形構造(河岸段丘の上下) 降雨時の水の流れ
1	治水安全度の向上	水害の経験
2	天王川沿いの耕作放棄田の積極的な提供	河岸段丘からの湧水 ゆるい地盤 作業用道路の整備が困難な地理条件
2	天王川沿いの耕作放棄田の積極的な提供	佐渡における少子高齢化の流れ
2	現状の耕作環境を確保	稲作に適した好条件の地盤 機械による作業が容易な地理条件
2	現状の耕作環境を確保	米の安定的な収穫
2	トキのための餌場の創出	野鳥が好む谷戸地形 冬季も凍結しない湧水個所 ドジョウなどの鳥の餌生物の生息環境
2	トキのための餌場の創出	過去にトキが飛来していた経緯 これまでに中流部でビオトープ整備を実施してきた経緯
2	飛来するトキへの悪影響についての懸念	野鳥が好む谷戸地形 冬季も凍結しない湧水個所 ドジョウなどの鳥の餌生物の生息環境
2	飛来するトキへの悪影響についての懸念	試験放鳥したトキが採餌した経緯

現することはきわめて困難な状況であった。一方で漁業者らの主張は、他のステークホルダーにとっては、ある一部の人びとの意見として捉えられる恐れもある。合意形成に向けたポイントは、座談会のなかで漁業者らの意見の正当性をどのように判断し、合意できる提案をつくっていくかということであった。

天王川再生事業の合意形成マネジメントチームは、第1回座談会の後に加茂湖の環境や課題について多様な人びとが話し合う「両津談義」というワークショップを開催した。また、第2回座談会では加茂湖とのかかわりのあり方を中心的に議論した。問題となったのは、加茂湖は河川区域に指定されておらず管理者も佐渡市であったことから、天王川再生事業の枠組みのなかでは加茂湖自体の自然再生を実現することは難しいということであった。そのため話し合いのなかで漁業者らは、天王川と加茂湖を一体的に再生していくための方法について研究することの必要性を主張した。

そこで筆者らは、地域住民との協働により加茂湖を含んだ水系全体の自然再生に向けた「佐渡島加茂湖水系再生研究所(通称：カモケン)」という市民組織を設立した。このカモケンを設立するプロセスでは、漁業者だけでなく、その他の地域住民や行政関係者等が共にフィールドワークを行い、加茂湖の現状を確認しながら議論した。そのなかで、漁業者以外の人びとも、現在の矢板によって囲まれた湖岸の状況、加茂湖がかつてはヨシが茂り様々な生き物が生息する豊かな環境であったこと、また地形的条件から、河川や水路を伝って加茂湖へ環境負荷が流入している現状などを確認した。さらに天王川と加茂湖を一体的に捉える考えや加茂湖の環境再生の重要性を共有した。この組織の設立および活動展開をきっかけとして、天王川の事業やトキの野生復帰に批判的であった漁業者らも、協力的な姿勢をとるようになった。

第1ステージにおいて示された天王川と加茂湖を一体的に捉えて自然再生を推進するという方策は、加茂湖への環境負荷の流出に対する懸念や加茂湖再生に対するニーズといったインタレストを、加茂湖周辺における詳細な自然環境の挙動、あるいは過去の状況などを理解し、さらにそれらのインタレスト形成の経緯を多様な人びとが共有することで実現したのである。

また下流域の住民が河口部の再生計画案に反対したことについては、新潟県が下流域住民との意見交換を繰り返した。そこで明らかになったのは、彼らは河口部に堆積している土砂が出水時に閉塞を引き起こすことで下流域に水が氾濫する危険性について最も大きな懸念を抱いているということであった。そこで新潟県は、下流域住民との意見交換の内容をふまえて河口部の土

砂を早急に撤去することを決め、その結果として下流域住民たちは河口部の再生計画案に合意した。下流域住民との合意形成に関しても、座談会のなかで参加者が過去の水害の状況を共有する機会をつくりながら、河口部の浚渫工事を実施することを決めた。すなわち、集落や職業といったステークホルダーの属性だけに着目するのではなく、地域の時間的空間的要素にもとづいて、地域のなかで多様なインタレストが存在することをふまえてプロセスをマネジメントしたのである。

ステージ2においても同様に、流域の時間的空間的要素に着目することで、ステークホルダーの事業へのインタレストの形成構造が明らかになり、さらに合意形成に向けた課題の本質を把握できた。具体的には、AエリアとBエリアにおける地権者の農地への関心の差異、トキの好む地形的・生態的環境と人びとの事業への懸念である。合意形成マネジメントチームは座談会に先立ち、農地の地権者および天王川周辺でトキの保護活動にかかわる人びとを訪問し、座談会への参加を呼び掛けた。

座談会には、田んぼの地権者・耕作者、天王川周辺で環境保全活動を展開している人びと、およびトキのモニタリングチームなどが参加し、中流部再生についての意見交換を行った。合意形成マネジメントチームは、事前のインタレスト分析とヒアリング調査から把握できた事項を念頭に置きながら、話し合いのファシリテーションを実施した。

その結果、トキの利用していない耕作放棄地(Aエリア内)で試験的に再生を進めるという提案について座談会での合意に至った。また、試験的に再生工事を進めるにあたっては、①トキおよびその他生物の動向、②周辺の道路・水路・樹木・田んぼとの配置関係、の2点に十分に配慮することとした。

このように、天王川中流域のごく限られた範囲においても、事業のステークホルダーは多様なインタレストを抱いていた。ステークホルダーのインタレストを地域の時間的空間的諸条件と関連付けて理解することで、ただ話し合いをするだけではみえてこないステークホルダーのインタレスト形成の背景、すなわち理由の来歴が明らかになる。そのようなインタレストの背景を

理解することは、社会的合意形成に向けたより本質的な課題解決へとつながっていく。

　本章では、複雑な地域社会のなかでのステークホルダーのインタレスト形成の構造について論じてきた。合意形成を難しくするのは、意見の理由としての多様なインタレストが存在するからであり、またそのインタレストが、ある個人の履歴のなかで形成されるからである。合意形成マネジメントでは、ステークホルダーのインタレスト形成の経緯、すなわち「理由の来歴」をふまえて課題解決の方策を検討することが重要である。また、人びとは、それぞれが個別的な視点から環境のあり方を知覚する。そのような異なる視点から捉えられた環境のあり方が、空間再編行為としての自然再生事業に対する多様なインタレストを生み出している。しかし、それぞれの視点から捉えられる地域環境は純粋に個別的なものではなく、多数の人びとの間で共有されうるものである。このことをふまえて天王川自然再生事業では、ステークホルダーのインタレスト分析を行った。天王川での実践のなかで明らかになったのは、ステークホルダーのインタレスト形成には、地域の時間的空間的要素が密接にかかわっているということである。天王川自然再生事業の合意形成マネジメントでは、それぞれのステークホルダーのインタレストが、地域の時間的空間的諸条件のなかで形成されてきたことを共有する機会を設け、そのうえで課題解決の方策を検討・実施した。

■註
1　Susskind, Lawrence E. & Cruikshank, Jeffrey L.: *Breaking Robert's Rules*, Oxford University Press, (城山英明、松浦正浩訳：コンセンサス・ビルディング入門、有斐閣), pp.92-93, 2006.
2　桑子敏雄：社会基盤整備での社会的合意形成のプロジェクト・マネジメント、in 合意形成学 (猪原健弘編著)、勁草書房、pp.179-202、2011。
3　桑子敏雄、吉武久美子：医療倫理に関する研究行為の倫理性について―合意形成論の観点から―、生命倫理、Vol.19、No.1、pp.21-28、2009.9。

4 吉武久美子：産科医療と生命倫理、昭和堂、pp.221-222、2011。
5 前掲(吉武、2011)、pp.223-225。
6 吉武久美子：医療倫理と合意形成、東信堂、p.142、2007。
7 中村良夫：土木工学体系13　景観論、彰国社、1977。
8 篠原修編：景観用語辞典―増補改訂版―、彰国社、pp.10-13、2007。
9 桑子敏雄：生活景と環境哲学、in 生活景(社団法人日本建築学会編)、学芸出版社、2009。
10 Lynch, Kevin: *The Image of the City*, MIT Press, pp.2-8, 1960.
11 中村良夫：風景学入門、中公新書、pp.60-61、1982。
12 前掲(中村、1982)、pp.68-90、1982。
13 樋口忠彦：日本の川のけしき、in 河川文化を語る会講演集　その27、社団法人日本河川協会、pp.151-199、2008。
14 Gibson, J.J.: *The Ecological Approach to Visual Perception*, Lawrence Erlbaum Associates, pp.127-143, 1979.

第5章 「局所的風土性」の概念

 ステークホルダーの多様なインタレスト形成の背景には、地域の時間的空間的要素が密接に関連している。本章では、そのような人びとのインタレストとその背景にある地域の時間的空間的特性の関係を「風土」の問題として捉え、合意形成マネジメントにおいて地域の風土性をふまえることの重要性を示す。ただし、ここでは地域の全体性をあらわす大局的な意味での「風土」ではなく、よりミクロな空間スケールでの風土性が重要な意味をもつことを論じる。さらに多様な人びとの間で共有可能な価値を掘り起こし、納得にもとづいた合意形成を実現するための概念として「局所的風土性」という概念を提案する。

第1節 「風土」の理論的基礎

(1)「人間存在の構造契機」としての風土性

 「風土」という言葉は、わが国の古典である「風土記」にもみられるように、古い時代から存在する。現代においては一般的に、気候、地形、景観などの自然環境を表すと同時に、そこに住む人びとや地域社会の特徴を含んだ、いわば「その土地の雰囲気」とでも言うべき意味で用いられる。フランスの地理学者であり、哲学と地理学とを融合した「風土学」を提唱するオギュスタン・ベルクは、この古い日本語に現代的な意味を与えたのは、哲学者の和辻哲郎であると述べている[1]。和辻は、著書『風土』のなかで、人間存在の構造契機

としての風土性を明らかにしようとした。和辻はそのなかで、「風土」についてまず次のように述べている。

> ここに風土と呼ぶのはある土地の気候、気象、地質、地味、地形、景観などの総称である[2]。

この定義を見る限り、「風土」と「自然環境」とは同じ意味をもつように思える。しかし和辻は、その点について以下のように注意している。

> この書の目指すところは人間存在の構造契機としての風土性を明らかにすることである。だからここでは自然環境がいかに人間生活を規定するかということが問題なのではない。通例自然環境と考えられているものは、人間の風土性を具体的地盤として、そこから対象的に解放され来たったものである。かかるものと人間生活との関係を考えるという時には、人間生活そのものもすでに対象化せられている。従ってそれは対象と対象との関係を考察する立場であって、主体的な人間存在にかかわる立場ではない。我々の問題は後者に存する。たといここで風土的形象が絶えず問題とせられているとしても、それは主体的な人間存在の表現としてであって、いわゆる自然環境としてではない。この点の混同はあらかじめ拒んでおきたいと思う[3]。

和辻が論じようとする風土とは、自然環境として客観的に考察の対象となるようなものではない。また、人間を主体、自然環境を客体として分離した後に、それらを合わせて考えるというものでもない。主体と客体とを分ける以前の、根本経験、あるいは第一次的な事実としての人間と自然との関係なのである。和辻は、主体から外延的に存在する自然環境ではなく、内包的なものとしての風土こそが人間存在の根本条件だとした[4]。このことについて和辻は、「寒さを感じる」という気候現象を例にあげて次のように説明している。

我々が寒さを感ずる、という事は、何人にも明白な疑いのない事実である。ところでその寒さとは何であろうか。一定の温度の空気が、すなわち物理的客観としての寒気が、我々の肉体に存する感覚器官を刺激し、そうして心理的主観としての我々がそれを一定の心理状態として経験することなのであろうか。もしそうであるならば、その「寒気」によって初めて「我々が寒さを感ずる」という志向的関係が生ずることになる。が、果たしてそうであろうか。我々は寒さを感ずる前に寒気というごときものの独立の有をいかにして知るのであろうか。それは不可能である。我々は、寒さを感ずることにおいて寒気を見いだすのである[5]。

　「寒気」とは、人びとが寒さを感じた後に、対象として観念的に分離したものであって、それ自体が独立に存在するものではない。人びとは、寒気という対象に感覚を刺激された後に寒さを感じるのではなく、寒さを感じるという体験を経て、はじめて寒気の存在を認識するのである。つまり「寒さを感ずる」という現象は、我々と寒気との関係的構造においてのみ見いだされる。また、この関係的構造において人びとは、「寒さのうちに出ていく」自分自身を見いだすのである。
　このような寒さを感じるという現象は、「我々」という主語を用いても支障がないように、純粋に個人的な体験として成立するのではなく、複数の人びととの間で寒さを共同に感じるという地盤においてのみ可能となる。他とのかかわりをもたない純粋な「個人」に先立って、まず「間柄」としての我々が原初的に存在するのである[6]。ある時にただひとりが「寒さ」を感じたところで、他の人びとがそれを同じように認識しなければ、それは「寒い日」であるとはいえない。「寒い日」は、複数の人びとが同じように「寒さ」を感じることによって、はじめて成立するのである。人によって寒さの感じ方が異なるということも、この地盤においてのみ可能となる。
　さらに「寒さ」は、それ自体が独立に存在するものではなく、暑さや暖かさ、風・雨・雪・日光等との連関で体験される。暖かい部屋から寒風の吹く

外へ出た時に人は寒さを感じる。つまり寒さとは、気象的現象の系列全体としての「気候」の一環に過ぎないのである。暑さや暖かさといった他の気候現象なしに、寒さは成立しない。

「気候」もまた、土地の地形や景観などとの連関において成立するものである。寒風は山から降りてくるものであり、また雨・雪を降らせる湿気を含んだ雲は海から流れてくる。春の陽気は人びとを外へと誘い、夏の暑さは木々の緑を萎えさせる。つまり、風土は、ある個人と自然環境との間においてのみ考えられるのではなく、人と人、人と自然との多様なかかわりを総体的に指し示すものなのである。人びとは、春には花見に出かけ、家屋に夏の暑さをしのぐための工夫をこらし、冬の寒さに耐えるための衣服を身にまとうように、自然環境とのかかわりにおいて様々な行動に個人的・社会的に入り込んでいく。そのような行動は、人びとが自身の意思に従って自由につくりだされるものであるが、風土から完全に独立して形成されるものではない。和辻の言葉でいえば、「我々は風土において我々自身を見、その自己了解において我々自身の自由なる形成[7]」に向かうのである。

また、和辻による風土論は、ただ人間と空間の関係についてのみ言及するものではない。風土のなかには時間軸、あるいは歴史性も含まれている。いわば、風土を時間的・空間的な複合体として捉えているのである。人間の自然現象への対処の仕方について、和辻は次のように述べている。

> 我々は暑さ寒さにおいて、あるいは暴風・洪水において、単に現在の我々の間において防ぐことをともにし働きをともにするというだけではない。我々は祖先以来の永い間の了解の堆積を我々のものとしているのである[8]。

人びとの自然とのかかわり方は、過去のその土地において、人びとが歴史的にどのような行動をとってきたかということに大きく依存する。たとえば、ある土地における家屋の様式とは、地形、気候、採取可能な建築材料等の様々な制約条件の下で、人びとが快適に生活を営むためにとってきた判断・

行動が固定化されたものなのである。制約条件は、時代時代で変化する。運輸技術が発達すれば、遠地からより良質の材料を運んでくることが可能となるだろう。それによって人びとは、より快適に生活するために家屋をどのような構造にするかということについて、さらに広い選択肢を得ることとなる。逆に、得られる建築材料が限られたものであるならば、そのなかで構築される建築様式もまた限定的なものとなる。このような先人たちの行為が歴史的に積み上げられていくことによって、ある土地における家屋様式は作り上げられていく。同様のことは家屋の様式だけでなく、料理、着物、その他の道具などの様式、あるいは文化的産物や習俗といった人間のふるまいにかかわるもの全てに当てはまる。それらがひとつの「風土における人間の自己了解の表現」だとすれば、風土と歴史とは相即の関係にあると言える。和辻の言葉でいえば、「歴史は風土的歴史であり、風土は歴史的風土[9]」なのである。

以上が、哲学者である和辻哲郎が論じた「風土」についての概要である。和辻の議論を基礎として、ベルクは風土を「ある社会の、空間と自然に対する関係[10]」として定義している。また、日本の土木工学の分野における風土の解釈については、藤井聡が「自然と人々における様々なかかわりの総体[11]」であると述べている。風土とは、ある土地における人びとと自然との第一次的なかかわりのあり方である。人間が概念上で区別している自然環境、社会、人びとの心理状態などは、本来は風土において一なるものなのである。さらに、風土は現在において刹那的に存在するものではなく、連綿と続くその土地の歴史の上に形成されるものである。

(2)「風土」の通態性

和辻の論じた「風土」は、後に様々な研究者による風土論へと発展していく。ベルクは、ともすれば環境決定論として捉えられる可能性のあった和辻の風土論[12]を超克し、新たな風土学(メゾロジー)を展開した。

前述したようにベルクは風土を、「ある社会の、空間と自然に対する関係[13]」と定義した。さらに、このように定義される風土を取り扱うために

は、以下の3つの命題を承認しなければならないとしている[14]。

　①風土は自然的であると同時に文化的である
　②風土は主観的であると同時に客観的である
　③風土は集団的であると同時に個人的である

　この3つの命題を構成する6つの用語、すなわち、自然的・文化的・主観的・客観的・集団的・個人的の一つ一つが、残りの5つの性質を帯びているのである。ひとつの用語が単体で存在することはない。あるとすれば、それは抽象のレベルである。いわゆる主客二元論では、主体は心的なものとして意志をもった行為によって一方的に客体に働きかけるとされている。しかし、和辻が論じた人間存在の構造契機としての風土は、この主客二元論の用語では理解できないのである。現実の風土は、それぞれの用語を極として、その間に成立するのである。ベルクはそのような、客観対象の次元でもなく主体の次元でもない風土に固有の次元を「通態的(trajective)」と形容する。

　　風土は「通態性」として、すなわち風土を構成する諸項間の「相互生成」として、またそれらの項のあるものから他のものへの「可逆的往来」として考察されなければならない。この永続的な「通態」から、常に精気に満ちた交差からこそ、生態学的・技術的・美的・概念的・政治的等々の性質を同時に持つ種々の営みが織り成され、そこからある一つの風土が作られるのである[15]。

　通態的であるということは、風土のうちにあるすべての事象に当てはまる特性である。ベルクは、「鉛筆」というひとつの道具を例にあげて、通態的であるとはどのようなことかという説明を行っている[16]。
　ベルクによれば、鉛筆について考える時に、まず鉛筆の時空の位置を定めてから、外見、質量、構成要素などの分析を行い、最後に「これは鉛筆である」というように結論付けるやり方は、風土学的な考え方ではない。風土学

的に考えるならば、鉛筆はなによりも「書くための物」として存在している。「書くための物」はまず、象徴的な体系としての「書き物」を想定する。このことは同時に、書き物が示す「言葉」という別の象徴的な体系をも暗黙に想定している。さらに、「書き物」も「言葉」も、それらを表現の手段として利用しながら意志疎通を図る人びととのかかわりを想定している。これらのことを別の角度から考えると、「書き物は技術的な体系であり、そこには自然と人工の多くの物、とくに物質的な物の存在が想定されている[17]」とベルクは述べる。つまり鉛筆は、それを生産する材木を作り出す森林、鉛筆の芯に使われる結晶した炭素、紙を生産するための製紙工場、などの技術体系と関係している。「鉛筆」というひとつの道具の実存的な場は、上に述べたような象徴的、および技術的な体系、さらに人間は地球に生きているという意味で生態学的な体系によって形成されるのである。

　書くための物としての鉛筆が存在するということは同時に、書き物、鉛筆を製造するための技術体系、鉛筆の原材料を作り出す森林などの存在の基礎となる。たとえば、鉛筆が存在しなければ、原料を切り出すための場所としての森林は存在せず、仮に同じような森林が存在したとしても、それはまた人びとにとって別の意味をもった森林となる。実存的なあるひとつの鉛筆が存在するためには、一般的で客観的な意味での「鉛筆」が存在しなければならない。

　風土学的な視点において肝要なのは、「一本の鉛筆が存在するような現実を、鉛筆が前提すると同時に作り出すということを理解すること[18]」なのである。以上のような意味において、「鉛筆の存在は通態的であり、風土にあるすべての物の存在は通態的[19]」なのである。

第2節　環境へのミクロな視線

(1) 合意形成マネジメントにおける「風土性」の重要性

河川整備などの社会基盤整備事業において「自然と社会との関係性」として

の風土をふまえることについては、これまでにもその重要性がしばしば論じられてきた。たとえば藤井は、人間存在の理解のために記された和辻の『風土』を批評し、土木的実践に向けた新たな風土論を展開した。藤井は、和辻の議論では「健全な風土」と「不健全な風土」の別が論理的に示されていないことを指摘し、土木事業において配慮すべきは、風土の存在そのものではなく「健全な風土」であると論じた[20]。また、竹林征三は、「地域の持つ風土文化の個性やローカルアイデンティティーを具体的に土木事業等の整備等に反映するために設計レベルへ翻訳する技術[21]」としての「風土工学」を提唱している。田中らは、地域住民が主体となって道路整備を実施する事例について考察を行い、風土に根ざした地域のインフラ整備の重要性を論じている[22]。

「風土」概念は、構造物の建設やデザインのプロセスだけでなく、多様な主体の協働により事業を進めようとする時、人びとのインタレスト形成に深くかかわるものとしても重要な意味をもっている。

前述したように、ベルクによれば、「風土」のなかにあるすべての事象は、自然的・文化的・主観的・客観的・集団的・個人的のそれぞれの性質を同時に帯びている。ベルクは、客観対象の次元でもなく主体の次元でもない風土に固有の次元を「通態的」と形容する。そのうえで「風土」のなかの様々な現象は、「人間の社会と環境との総体のうちに……特定の意味＝おもむきを示して」おり、さらに「この意味＝おもむきの力を借りて、人間の社会と環境の関係が展開する」と述べる[23]。

ベルクの論述を受けて桑子は、人びとが何かに対して「おもむく」とき、そこには常に「関心・懸念」があると述べる[24]。「関心・懸念」とはインタレスト（interests）のことである。さらに桑子は、地域空間の特性として現れる風土性を見分けるための「空間の価値構造認識法」を示している[25]。この方法は、①空間の構造を把握する、②空間の履歴を掘り起こす、③人びとの関心・懸念を把握する、の3点によって構成される。すなわち「風土」をあえて構造的に理解するなら、空間的条件、時間的条件、人びとのインタレストの3つの要素が含まれるのである。このことを合意形成マネジメントの観点から言い換えれば、事業のステークホルダーのインタレストは、地域の時間的空間的

条件との連関のなかで形成されているということになる。このことから、合意形成プロセスにおいてステークホルダーのインタレストを把握し、適切に課題を解決していくためには、必然とインタレスト形成の背景にある「風土」へのまなざしが不可欠となる。

(2)「風土」概念のスケール

ここで問題となるのが、「風土」概念のスケールである。一般的に風土という言葉を用いる時、たとえば日本の風土と言う場合には、それは世界における日本の特殊性をあらわすと同時に、日本というひとつの国のなかの共通性も指し示す。風土とは、民俗学者の谷川健一が「どのような大きな地域にもひろがりえるが、またどのような小さな地域にも分けることができる[26]」と述べているように、相対的な概念である。一方で、「日本の風土」や「佐渡の風土」といった表現を用いることはあるが、たとえばわずか流路延長5km程度の中小河川の流域において、「となりの集落の風土」や「川の対岸の風土」というような言い方は通常しない。また、木岡伸夫が、「風土」という言葉は科学用語としての「気候」の意味を有している[27]と指摘するように、風土の類型は、気候的・気象的条件を基礎としている。地理学者の鈴木秀夫は、降水量や気温をひとつの指標として、風土の類型化を行っている[28]。また和辻も、やはり世界の気候的特性にもとづいて、モンスーン型、砂漠型、牧場型の3つの風土類型を示している[29]。このように、「風土」はいかようにも分割できるといっても、やはり、類型化しうる自然的気候的条件にもとづいたある土地、ある社会の全体性をあらわす概念なのである。

第3章、第4章で詳しく論じた天王川自然再生事業における合意形成プロセスを振り返ってみると、たとえば、下流域住民が河口部の自然再生計画案に反対したことの背景には、1998年に発生した「8.4水害」の経緯があった。8.4水害は新潟県を中心に甲信越地方の広い範囲を襲った水害である。天王川周辺の両津・新穂地区においても、あわせて200戸以上が浸水した。この水害の直接の原因である降雨は、佐渡だけではなく新潟県下越地方を含んだ

広い範囲における記録的豪雨であった。これは、日本海から北陸地方にむかって伸びた梅雨前線が停滞し、そこへ太平洋高気圧の西側から暖湿気流が前線に向かって流れ込んだことから、梅雨前線の活動が活発になり、北陸地方から東北地方にかけての日本海側で発生した豪雨である[30]。この豪雨の発生は決して突発的・偶発的なものではく、佐渡地方における気象特性のなかでは、ある程度の妥当性をもった現象である。広く言えば、日本海岸式気候のもつ特徴のひとつなのである。佐渡で発生する大雨は、6月下旬から7月の梅雨時期だけでなく、8月にも多い。その主な原因は、夏期に太平洋高気圧が弱まった際に、日本の北側に押し上げられていた前線が南下してくるためである[31]。現に、天王川流域での洪水被害は、7月から8月にかけて多く発生している[32]。8月頃の降雨量が日本の他地域に比べて多いのは、佐渡地域だけではなく、新潟県を中心とした甲信越地方にみられる気象特性である。その理由はやはり、前線の南下や台風の影響によるものである[33]。このような新潟を中心とした広い範囲に影響する気候現象が、佐渡島のなかの新穂潟上地区、さらにはそのなかの天王川という中小河川を増水させ、天王川流域に住む人びとに被害をもたらす。

　漁業者が加茂湖の水産資源への影響を懸念し、自然再生事業に対して反対意見を述べた背景にも、地域の風土性が深くかかわっている。加茂湖は、約12,000年前に地形が陥没したことによって出現した湖である。もとは内湾であったが、暗礁に砂州が形成されたことによって外海と隔てられ、現在の形状になった。名勝としても取り上げられ、平安時代にはすでに歌枕として都に周知されており、紀貫之らが加茂湖を題材にした和歌を詠んでいる[34]。もとは淡水湖であり、ワカサギ・コイ・フナ・シジミ等が豊富にとれたため、古くから地域の人びとは淡水漁業を営んだ[35]。1901年(明治34年)に砂州の一部を開削したことによって汽水湖となり、そこから人びとが生業のためにカキの養殖をはじめとする漁業を営むようになった。さらに、現在の加茂湖に見られる漁業形態は、昭和6年に、当時の加茂湖でカキ養殖業を営んでいた斎藤吉左エ門が、垂下式カキ養殖いかだを試験的に設置したことから成立していった[36]。つまり、現在の加茂湖における漁業のあり方は、佐渡

の地理的・自然的条件と人びとの環境への働きかけを通して発生したのである。このような風土性のもとに加茂湖の漁業者は、現在において加茂湖、あるいは加茂湖に流入する天王川にかかわり、またその環境について深い関心を抱いていた。

しかし、天王川の合意形成で直接的な課題となったのは、上に述べたような佐渡を取りまく大局的な風土性ではなかった。人びとのインタレスト形成に深くかかわっていたのは、河川の上下流や河岸段丘の上下といった流域内の地形変化、およびそれらの微妙な地形構造に起因する洪水被害の重度および水質の変化であった。たとえば、河口部再生の議論では、同じ加茂湖の漁業者でも湖岸のどの場所にカキ小屋をもっているか、あるいは自宅が河岸段丘の上か下かで、事業に対するインタレストが大きく異なっていた。あるひとつの気象条件下においても、その条件はミクロな空間条件と重なり合っている。その結果としての様々な現象が、人びとに異なる影響を及ぼし、さらにそこに多様な価値認識が生じるのである。すなわち、事業の合意形成プロセスにおけるインタレスト分析で重要なのは、大局的な風土性よりもむしろ、地域空間における限定されたスケールでの風土性である。

第3節　「局所的風土性」概念の提案

そこで天王川自然再生事業の合意形成マネジメントチームは、「風土」概念に検討を加え、大局的な風土との差別化のために、「局所的風土性」の概念の着想に至った。その定義を「地域空間における微細な地理構造の変化によって生じる風土的特性」とする。

風土性と局所的風土性の空間スケールによる分類を図5-1のように示す。風土とは前述したように、客観的に存在する環境を意味するのではなく、社会と自然とのかかわりであり、また人間存在のあらわれである。したがって、主体としての人間が存在しなければ風土は成立しない。また風土とはそもそも空間と人間との関係であるから、風土的存在としての人間は、具体的な空間内に身体をもつことを起点としている。つまり、風土的形象における

122　第Ⅱ部　行政主体の自然再生事業における合意形成マネジメント

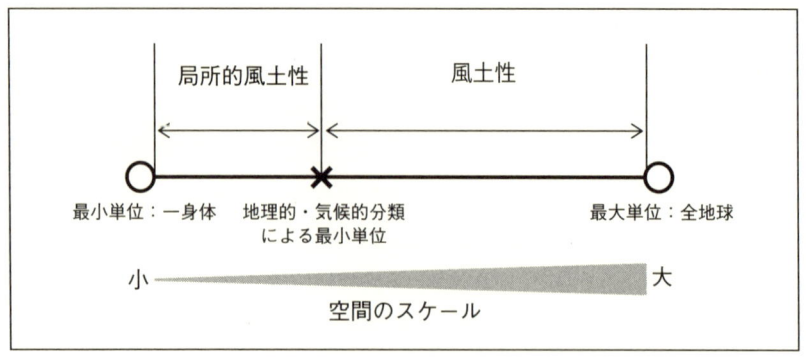

```
        局所的風土性        風土性
    ←─────────→←──────────────────→
    ○──────────×──────────────────○
  最小単位：一身体  地理的・気候的分類            最大単位：全地球
              による最小単位
    小                                            大
        ──────────────────────────
              空間のスケール
```

図5-1　局所的風土性のスケール分類

　空間スケールの最小単位として考えうるのは、空間的な広がりをもつものとしての一身体である。ただし、風土における身体の存在は、たとえ極小な範囲であるとしても、それを支える空間的広がりを必要とする。そのため、一切の空間を含まない「純然たる一身体」という最小単位の極において、風土は存在しない。風土の問題は、「一身体」超での空間スケールにおいて成立する。
　では最大単位はどうであろうか。身体をもつ人間は、地球という有限の空間のなかに生きている。すなわち、地球を離れても風土は成立しないため、風土の空間スケールの最大単位は全地球であるといえる。ここで、風土とは地球内におけるある空間、ある地域の特性を表すので、対比可能な複数の地域類型、あるいは地域間の差異の存在を前提としている。したがって、空間スケールで「全地球空間」という極は、風土の視点に立った考察の範疇には含まれない。つまり風土は、「全地球」未満の空間スケールで取り扱われる。
　風土的形象は、人間の一身体から全地球空間までの空間スケール内での問題である。ただし、その最小・最大単位の極は含まない。前述したように大局的な風土性は、気候的・気象的条件、あるいはそれらの条件を下敷きにした地域区分を基礎単位としている。つまり、地理的・気候的分類による最小単位から全地球空間までの範囲のなかに存在している。また局所的風土性は、大局的な風土よりもさらに限定的なスケールにおいて存在する。すなわち、地理的・気候的に類型化しうる最小単位から、さらに微細なスケールに

向かって、一身体を最小の極とする空間スケールに存在する。局所的風土性と大局的な風土性の境界は当然、一般的に明確に定義できるようなものではなく、対象とする具体的な地域によって様々に変動する。

　天王川での実践から明らかなように、人びとはある「局所的風土性」のなかの様々な事象と出会いながら自身の履歴を蓄積し、さらにその履歴にもとづいて、行為を選択する際の傾向性が形成されている。その傾向性が事業実施によってインタレストとして顕在化する（**図5-2**）。つまり、社会的合意形成のマネジメントにおいて適切にインタレスト分析を行うためには、人びとの関心領域や傾向性だけでなく、その背景にある限定されたスケールでの空間的要素および時間的要素を、総合的かつ関係的に捉えることが肝要となる。天王川自然再生事業において漁業者や下流域住民との合意形成が実現したのは、人びとの関心領域や傾向性を、その背景にある周辺的スケールでの時間的空間的要素を総合的に捉え、それに基づいて解決案の検討などのプロセ

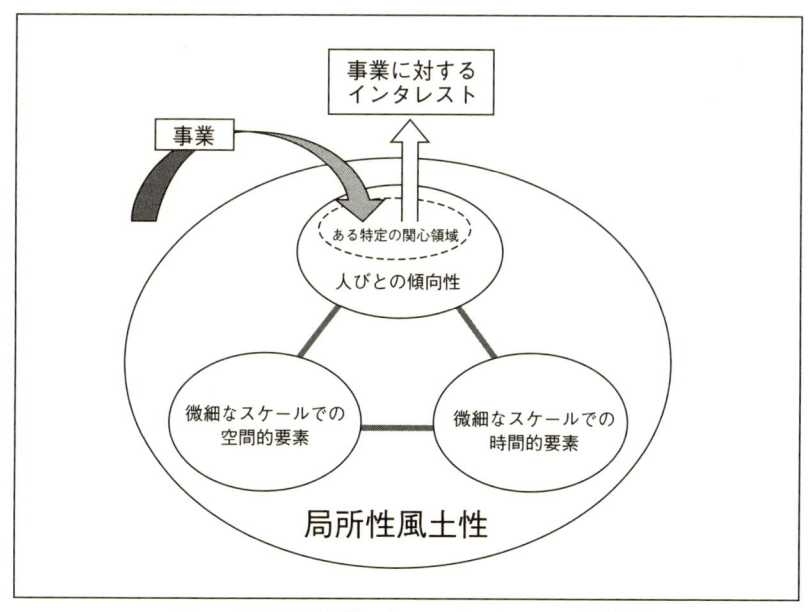

図5-2　局所的風土性のなかのインタレスト形成構造

ス・マネジメントを実践したからである。そうしたことによってその他のステークホルダーの共感を生み、カモケンの設立や河口部浚渫工事をとおして天王川再生の合意形成に至った。言い換えれば、複雑な地域環境のなかでステークホルダーのインタレストを適切に把握し、合意形成マネジメントを実践していくためには、インタレストが地域空間の詳細な自然的事象あるいは歴史的出来事との連関のなかで形成されていること、すなわち「局所的風土性」のなかで形成されていることを理解し、そのうえで課題解決の方策を議論・検討していくことが重要となる。そうすることで、たとえばあるひとりのステークホルダーのインタレストを、単に個人的主観的な意見としてではなく、地域空間のなかのひとつの文脈として捉えることが可能となり、人びとの共感を生み出す契機ともなることから、納得にもとづく合意形成に大きく貢献するのである。

　また、「局所的風土性」へ着目するということは、ステークホルダー自身も明確に認識していないような理由の来歴について深く理解しようとすることである。すなわち、「局所的風土性」をふまえたインタレスト分析、および合意形成マネジメントの実践は、ステークホルダー間で、意見の背後にある多様な関心・懸念を共有し、課題解決の方向性を模索することへとつながり、そのような作業はひいてはステークホルダーのプロセスへの満足度へとつながっていく。

　前述したように「風土」は相対的な概念である。あるひとつの地域の風土を考えた場合、それはその他の地域との違い、あるいは特殊性を表すと同時に、そのひとつの風土のなかの共通性も同時に意味する。さらにあるひとつの風土性のなかにも様々な局所的風土性が存在する。その局所的風土性の内容は、共通性という意味での大局的な風土性の具体的内容と異なることもある。風土という概念に着目したのは、共通性のなかにも常に多様な要素が含まれているという入れ子構造を表現することが可能だからである。「局所的風土性」概念を構築したことで、人間の一身体から全地球空間までのスケールにおいて、共通性と多様性の両方を包含する「風土」概念を適用することが可能となる。

以上、第Ⅱ部(第3章、第4章、第5章)では、天王川自然再生事業における合意形成マネジメントの実践を基礎に、社会的合意形成のプロセス・マネジメントにおける「局所的風土性」概念の重要性を示した。その議論の成果は、次のようにまとめることができる。

①ステークホルダーのインタレストは多様であり、事業を進めるうえで人びとの対立を回避するためには、異なるインタレストをもつ人びとが共有可能な考えを導く必要がある。
②共有可能な考えを見出すためには、異なるインタレストを単に「個人的な利害の違い」として捉えるのではなく、インタレストとその背景にある時間的・空間的特性、すなわち風土性を分析し、共感可能な部分を明らかにしていく必要がある。ただしここでは、大局的な風土性よりもむしろ「局所的風土性」、すなわち「地域空間における微細な地理構造の変化によって生じる風土的特性」が重要な意味をもつ。
③「局所的風土性」をふまえた合意形成マネジメントとは、インタレストが地域空間の詳細な自然的事象あるいは歴史的出来事との連関のなかで形成されていることを理解し、そのうえで課題解決の方策を議論・検討していくことである。そうすることで、一見雑多で共有が困難と考えられる多様な意見・インタレストを地域空間の文脈のなかで捉えることが可能となり、人びとの共感・納得にもとづく合意形成に貢献する。

　以上の成果をふまえて第Ⅱ部では、自然再生事業における合意形成のあるべき姿を、「局所的風土性の認識とこれにもとづくプロセス・マネジメント」として表現する。
　それぞれのステークホルダーがもつ意見を「個人的な利害にもとづく考え」として解釈してしまうと、合意形成の現場で抽出される多様な意見は、合意不可能な単に雑多な意見となってしまう。しかし、それぞれの意見が形成された理由を読み解き、その意見をもつ人が生きてきた地域の歴史や空間的特性と関連づけていくことで、共感できる要素が見え始める。天王川の事例を

通して確認できたのは、ミクロな風土をふまえた合意形成の重要性である。「風土性」の概念がある地域の共通性を示唆するように、「局所的風土性」も異なる意見が含まれながらもそれらが共感可能であることを示している。合意形成マネジメントへ「局所的風土性」の概念を導入することによって、一見したところ合意を導くことが難しいと思われる雑多な意見のなかからも共感が可能な要素が明らかになり、人びとの視点や感性を活かした合意形成が可能となる。「局所的風土性」は、人びとの多様なインタレストのなかからひとつの提案をつくりあげ、人びとの納得にもとづいた合意形成を可能にするキーコンセプトである。

■註
1 ベルク、オギュスタン著、篠田勝英訳：風土の日本、ちくま学芸文庫、p.59、1992。
2 和辻哲郎：風土、岩波文庫、p.9、1979。
3 前掲（和辻、1979）、p.3。
4 坂部恵：和辻哲郎、岩波現代文庫、p.105、2000。
5 前掲（和辻、1979）、p.10。
6 前掲（和辻、1979）、p.13。
7 前掲（和辻、1979）、p.15。
8 前掲（和辻、1979）、p.15。
9 前掲（和辻、1979）、p.20。
10 前掲（ベルク、1992）、p.151。
11 藤井聡：実践的風土論にむけた和辻風土論の超克―近代保守思想に基づく和辻「風土：人間学的考察」の土木工学的批評―、土木学会論文集D、Vol.62、No.3、pp.334-350、2006。
12 湯浅は、和辻が『風土』のなかで述べようとしたのは、決して環境決定論ではないと主張する。そのことは、『風土』の序言において、「ここでは自然環境がいかに人間生活を規定するかということが問題なのではない」と述べていることからも容易に想像できる。にもかかわらず、『風土』のなかの一部の叙述、特に自身の体験をふまえてアジアやヨーロッパの具体的な風土について言及している箇所においては、環境決定論として捉えることのできる表現が含まれている。これについては、和辻の方法論的な過ち、すなわち序言で宣言した環境決定論との決別を後の論述のなかで徹底できていなかったという指摘がある。
湯浅弘：和辻哲郎『風土』の諸問題、川村学園女子大学研究紀要、第14巻、第2号、

pp.133-145、2003。
13　前掲(ベルク、1992)、p.151。
14　前掲(ベルク、1992)、pp.183-185。
15　前掲(ベルク、1992)、p.185。
16　ベルク、オギュスタン著、中山元訳：風土学序説、筑摩書房、pp.159-166、2002。
17　前掲(ベルク、2002)、p.163。
18　前掲(ベルク、2002)、p.164。
19　前掲(ベルク、2002)、p.165。
20　前掲(藤井、2006)。
21　竹林征三：風土工学序説、技法堂出版、1997。
22　田中尚人、轟修、中嶋伸恵、多和田雅保：風土に根ざしたインフラストラクチャー形成に関する研究―柿野沢地区の道普請を事例として―、土木学会論文集D、Vol. 64、No.2、pp.218-227、2008。
23　前掲(ベルク、2002)、p.203。
24　桑子敏雄：風土の視点からの河川計画、計画行政、31(2)、pp.29-36、2008。
25　桑子敏雄：日本の風土と多自然川づくり、RIVER FRONT、vol.62、pp.6-9、2008。
26　谷川健一編：風土学ことはじめ、雄山閣出版、1984。
27　木岡伸夫：風土の論理―地理哲学への道―、ミネルヴァ書房、pp.5-7、2011。
28　鈴木秀雄：風土の構造、大明堂、1975。
29　前掲(和辻、1979)、pp.29-144。
30　新潟県ホームページ「平成10年8.4水害の概要」(http://www.pref.niigata.lg.jp/kasenseibi/1202058041944.html)。
31　佐渡市ホームページ「佐渡市地域防災計画　風水害等対策編」(http://www.city.sado.niigata.jp/admin/vision/bousai07/dis.shtml)。
32　本書第3章の**表3-1**を参照のこと。
33　新潟地方気象台ホームページ(http://www.jma-net.go.jp/niigata/)。
34　両津町史編さん委員会編：両津町史、両津市中央公民館、p.359、1969。
35　新穂村史編さん委員会編：新穂村史、新潟県佐渡郡新穂村、p.688、1976。
36　前掲(両津町史編さん委員会、1969)、pp.250-252。

第Ⅲ部

市民主体の自然再生事業における合意形成マネジメント

第6章　佐渡島・加茂湖の包括的再生に向けた活動

　自然再生事業における合意形成マネジメントの重要な課題は、再生のプロセスだけでなく、その後の持続的な維持管理や改善のプロセスへの地域住民の主体的参加をいかにして実現していくかということである。この課題解決の道すじを示すために本書では、社会実験として新潟県佐渡島の加茂湖という汽水湖において、地域住民が主体となった湖岸の自然再生活動を展開し、自然再生事業を地域に根ざすかたちで実践するための方法および理念についての考察を行った。本章では、加茂湖再生の活動のきっかけとなったトキの野生復帰事業のための社会環境整備活動について概観し、その活動の大きな成果として創出された「包括的再生」の理念について論じる。さらに、トキの野生復帰に関連する話し合いや活動を通して、加茂湖水系の包括的再生を目指して立ち上がった市民組織「佐渡島加茂湖水系再生研究所」の設立経緯や組織の理念・しくみについて考察する。

第1節　「包括的再生」の理念

(1)「佐渡島トキを語る移動談義所」のデザインと実践

　本書の第3章冒頭でも述べたように、環境省は佐渡島でトキの野生復帰事業を進めている。佐渡地域環境再生ビジョンでは、2015年頃に小佐渡東部に60羽のトキを定着させることを目標に掲げており[1]、環境省はそのための重要な課題として、①トキの増殖・野生順化、②自然環境整備、③社会環境

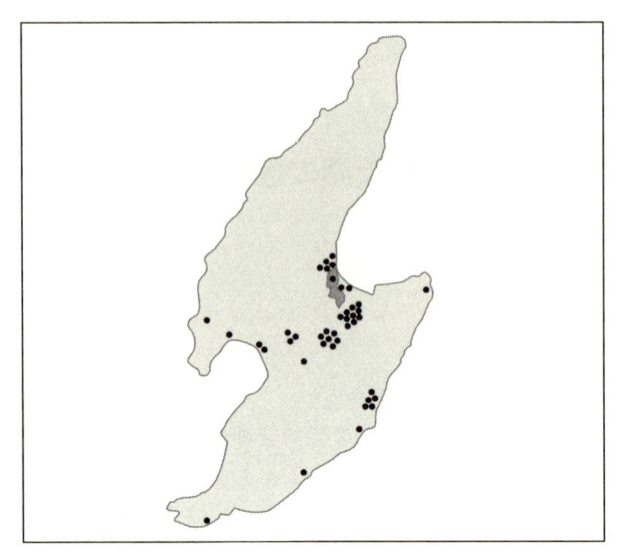

図6-1　移動談義所の開催場所

整備の3項目をあげている。

　トキの野生復帰に向けた自然環境と社会環境の整備についての研究を行うプロジェクトとして、2007年4月から環境省地球環境研究総合推進費による「トキの野生復帰のための持続可能な自然再生計画の立案とその社会的手続き(通称：トキの島再生研究プロジェクト)」が立ち上がった。この研究プロジェクトは、8つのテーマからなる文理融合型のプロジェクトで、研究期間は2007年4月から2010年3月の3年間であった。この研究の大きな特徴は、自然と社会という二つの視点からトキの野生復帰に向けた自然再生研究に取り組んだ点にある。自然科学系の研究者によるチームは、主にトキの採餌や営巣のための環境について、生態学などの自然科学的観点から調査・研究を行う。

　筆者は、「トキの生態環境を支える地域社会での社会的合意形成の設計」をテーマに佐渡島で研究活動を進めるための「トキと社会」研究チームのメンバーとしてこのプロジェクトに参加した。「トキと社会」研究チームには、大学関係者のほか、地域住民と行政関係者がメンバーとなっている。また、トキ

の野生復帰に向けた自然再生にはさまざまな省庁がかかわっているため、異なる行政組織をつなぐしくみとしてチームを位置づけた。「トキと社会」研究チームは、佐渡島内の様々な地域を移動しながら話し合いを積み重ね、人びとのインタレストを把握するとともに、地域の抱える課題、あるいは対立構造を明確にし、トキの野生復帰に関してゆるやかに合意形成を図ることを目的としている。さらには、地域が主体となった活動展開を実現することを目指した。

「トキと社会」研究チームの主な活動は、「移動談義所」と呼ばれる移動型ワークショップを島内各地で実施し、地域住民のトキ野生復帰に対する意見やインタレストを掘り起こすとともに、トキの野生復帰を受け入れる地域の社会環境を整備していくことである[2]。

「談義所」という名前は、「トキと社会」研究チームが活動を始めた時、地域住民から受けた助言をもとにしている。第2章で詳しく論じたように、人びとが知識や経験を共有しながら考えやスキルを深める話し合いの場は、一般的に「ワークショップ」と呼ばれている。ところがある地域住民が、「佐渡は高齢化が進んでおり多くの高齢者はワークショップという言葉になじみがない」と指摘した。そこで「トキと社会」研究チームは、地域の人びとが馴染みやすく、かつ活動の内容を容易に理解できるという理由から「談義所」という名前を選んだ。

「談義所」とは、中世に日本各地で普及した学問活動の拠点を意味している。かつて談義所に集まった人びとは、主に仏教の教義を学び、思想を深めていった。「トキと社会」研究チームはこの言葉を広く解釈して、談義所を「義」すなわち「大切なこと」を談ずる場と意味づけた。トキの野生復帰は佐渡島で暮らす人びとにとって、自分たちの生活に直接的にかかわる重要な課題である。この課題について多くの人びとが一緒に考える場を「談義所」と名づけ、島内のさまざまな地域を「移動」しながら話し合いを進めた。

「移動談義所」の大きな特徴は、その名前のとおり移動しながら地域に赴いて話し合う点にある。特定の公共の会議場などに人びとを招集するのでなく、たとえば公民館や地元の小学校、温泉施設の一室など、地域住民が日常

134　第Ⅲ部　市民主体の自然再生事業における合意形成マネジメント

的に使用している場所に研究チームが赴く。話し合いのテーマとなる地域空間に身を置きながら対話を展開することで、人びとができるだけ意見を述べやすい雰囲気をつくるとともに、ファシリテーションを行うメンバーも、参加者の言葉と地域の環境とを関連付けながら、談義を進行することができる。また、アクセスの容易さから地域の人びとが気軽に参加できるという利点もある。

　「移動談義所」の目的は、単にトキという生き物の価値を伝えていくことではない。トキとの共生は、環境、農業、観光、福祉、教育など、さまざまな社会の課題と関連して考えていく必要がある。地域住民の話によると、佐渡の人びとの多くはトキの問題にそれほど関心を抱いていないということであった。したがって、談義のフォーカスをトキの問題にあてると、ほとんどの地域住民は関心を示さず、談義に参加しない可能性があった。そこで談義所

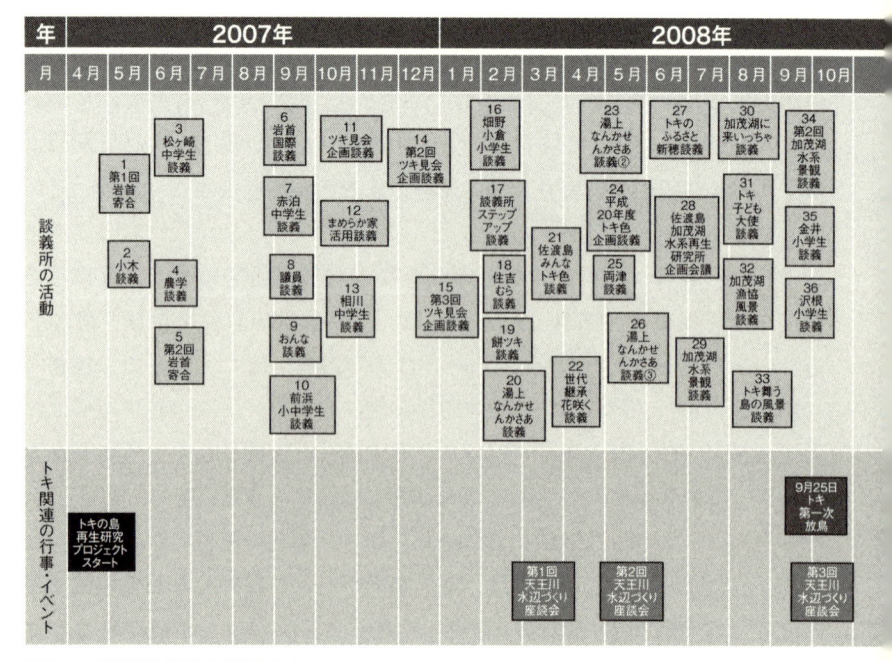

図6-2　移動談義所の活動年表

の活動では、トキや自然環境のことだけにテーマを絞るのではなく、地域の人びとが広く地域の問題について自由に自身の思いを語れるような場をつくることを目指し、参加者や開催場所の特徴に応じて、様々なテーマで話し合いを行った。たとえば、小学生との談義では、「誰かに何か聞いてみよう」というテーマで質問を考え、紙に書いて発表した。この「誰か」というのは、その場にいる研究チームのメンバーでも、あるいは「トキ」や「カエル」などの人間以外の何かでもよい。とにかく疑問に思ったことを誰かに質問する。このような自由なテーマ設定で、それぞれが関心をもつ話題について話し合うなかで、佐渡の自然環境やトキの問題とのかかわり方についても議論を深めていった。

　談義所での話し合いの内容は、参加者だけで共有するのではなく、行政機関にも積極的に発信し、時にはプロジェクトや事業展開の提案も行う。談義

には、環境省、新潟県、佐渡市といった行政職員にも参加を呼びかけ、必要に応じてその場で意見交換を行い、また話し合いの成果をもとに行政への提案を行った。

「トキと社会」研究チームは以上のようなスタンスにもとづいて、地域づくり関係者、農業従事者、女性、小・中学生などとともに、3年間で合計43回の談義を重ねた。3年間の談義所の活動を考察した結果、「談義所の作法」として以下の10項目をまとめた[3]。

①できるだけ多くの地域を訪ねる。
②さまざまな年齢・立場の人に参加を呼びかける。
③地域の人と一緒に企画をする。
④参加者が発言しやすい空間をデザインする。
⑤参加者の関心にもとづいて談義のテーマを決める。
⑥平等に意見を収集する工夫をする。
⑦課題に対する解決策をみんなで一緒に考える。
⑧話し合いを合意につなげる。
⑨談義の内容を公開する。
⑩よりよい談義を実現するために工夫を重ねる。

（2）「包括的再生」という理念の構築

トキの野生復帰事業では、「種の希少性」、「生物多様性」、「環境保全型農業」、「環境保全型社会基盤整備」といったいくつかの普遍的価値が掲げられている。しかし、「トキと社会」研究チームが行ってきた移動談義所の活動によって明らかになったのは、佐渡島民の多くはトキの野生復帰事業に関心を抱いていないということであった。その原因はどのようなものだろうか。

談義所の話し合いのなかで明らかになったそのひとつの大きな理由は、トキ野生復帰事業の意義と市民の意識との間にギャップが存在することである。たとえば、トキ野生復帰のコアゾーンの外に位置する小木地区で開催し

たワークショップでは、小木の人びとは環境省の指定したコアゾーンから外れているからという理由で、トキの野生復帰事業は自分たちにとって関係のない事業だと考えていることが明らかになった。

　小木地区のようにすべての地域で、地域住民がトキについて無関心であったわけではない。トキ野生復帰ステーションのある正明寺地区や、その他のコアゾーン内の多くの地区では、地域住民が積極的にトキのためのビオトープづくりなどを行っていた。しかし、小木地区に限らず、岩首、相川などの地区でも同様に、ひとたびコアゾーンを離れると地域住民はトキの野生復帰を身近な問題とは捉えていなかった。地域によって、トキに関する関心の度合いは大きく異なっていたのである。

　さらに、地域の女性を対象に開催した「おんな談義」というワークショップでは、佐渡で暮らす女性たちは、トキのことよりも高齢者の介護や医療の問題に関心があることが明らかになった。その理由は、女性たちは立場上、日常的に家庭内で高齢者と接する機会が多いためである。

　このように人びとは、トキの野生復帰事業よりも、自分たちが日常的に直面する身近な地域の課題に関心をもっていた。このことは言い換えれば、トキ野生復帰事業のもつ普遍的価値と、地域の人びとが日常生活のなかで抱く関心とが関連付けて捉えられてこなかったということである。

　また、様々な談義において指摘されたのは、トキの問題と観光・福祉などの問題を関連付けて活動を展開していくことの必要性である。そのためには、国・県・市の行政機関間、および行政内の部署間での連携不足を解消すること、すなわち行政のタテ割りの問題をいかに克服していくかということが重要な課題として人びとに認識されていた。

　トキの野生復帰事業推進の課題として以上のような背景があることが、移動談義所の活動を通して明らかになった。「トキと社会」研究チームは、2008年3月1日に、佐渡島の自然再生全般について総括的に議論するための「佐渡島みんなトキ色談義」を開催した。参加者は、地域住民、NPO、学識経験者、行政関係者などである。この談義では、前半に行政関係者・市民・学識経験者の代表によるパネルディスカッション、後半には参加者が自由にそれ

ぞれの活動について発表できる報告会を実施した。

　前半のパネルディスカッションでは、トキ野生復帰の課題とその解決のための考え方について議論を行った。農林水産省北陸農政局の生玉修一は、農業・環境・経済・歴史などを総合的に捉えながら、地域の様々な恵みをつないでいくことが重要だと述べた。また河川工学者の島谷幸宏（九州大学大学院・教授）は、農地と河川との間の空間的なつながりが切れてしまっていることが、生態系を損なっているひとつの大きな原因だと指摘した。

　佐渡各地で開催してきた移動談義所の活動、および「トキ色談義」でのパネルディスカッション・活動報告会の内容をふまえて、トキ野生復帰推進のための重要な論点として、「つなぐ」という言葉をキーワードとした以下の5つが示された。

①山から海への水の道を緩やかに柔らかくつなぐ
②自然という恵みと人びとの暮らしぶりをつなぐ
③地域のもつ恵みとリスクの負担をつなぐ
④制度と行政の仕組みの切れ目をつなぐ
⑤三つの「た」を「さ」でつなぐ（三つの「た」とは「多」であり、「生物多様性」、「農業農村の多面的機能」、「多自然川づくり」を、「さ」とは、「佐渡」と「里山・里地」を意味する）

「トキと社会」研究チームはこれらの論点をもとに、「山と川と湖と海の恵みをつなぐ包括的再生」という考え方をまとめた。この「包括的再生」は、自然と地域との関係を様々な角度からとらえ、両者をつなぎ、さらにトキの野生復帰事業を推進していくために必要な理念として、談義所の活動を通して構築された理念である。「トキと社会」研究チームは、2008年3月の「佐渡島みんなトキ色談義」以降、この「包括的再生」の考えにもとづいて、トキ野生復帰に向けた社会環境整備、および社会的合意形成のための活動を実践した。

第2節　市民組織「佐渡島加茂湖水系再生研究所」の設立

(1) 加茂湖水系の包括的再生に向けた議論

　移動談義所の活動のなかで誕生した「包括的再生」の考え方は、天王川自然再生事業の合意形成プロセスにおいても重要な役割を果たした。第3章でその経緯を述べたように、天王川自然再生事業の重要なステークホルダーである加茂湖の漁業者との合意形成は、天王川だけでなく加茂湖との一体的な再生を展開するという方向性のもとで実現した。しかし、現状の制度的枠組みのなかでは河川事業として加茂湖を整備することは困難であった。なぜなら、加茂湖は河川区域に指定されていなかったからである。また二級河川である天王川の管理者は新潟県であるが、加茂湖の管理者は佐渡市であった。このような行政の管理主体の違いも障壁となっていた。

　このことをふまえて天王川自然再生事業の合意形成マネジメントチームを務めていた東京工業大学大学院・桑子研究室は、前述した包括的再生の理念における「制度と行政の仕組みの切れ目をつなぐ」という考えにもとづいて、漁業者たちと共に天王川の事業の枠を超えて話し合うための談義を開催した。話し合いを通じて、漁業者を含む地域住民、行政関係者、学識経験者は、トキの野生復帰をシンボルとして佐渡島全体の自然と人びとの暮らしを豊かにしていくことで合意した。

　また、天王川自然再生事業は、豊かな生態系の再生を目指しながらも、治水安全度にも十分に配慮して実施するものである。さらに、加茂湖の環境を再生することは、漁獲量の減少が危惧される加茂湖の水産資源を再生することにもつながる。これらのことは、自然災害、あるいは人為的改変に起因する環境劣化等のリスクを認識しながら、人びとに様々な恵みをもたらす豊かな自然環境を再生する試みである。これはいわば、包括的再生における「山から海への水の道を緩やかに柔らかく」つなぎながら、「自然という恵みと人びとの暮らしぶりをつなぐ」ことの実践にほかならない。

　桑子研究室のメンバーは、「包括的再生」の理念をもちながら、天王川自然

再生事業の合意形成マネジメントにも取り組んだ。その結果として、加茂湖と天王川の一体的な再生を推進するための議論の場を設け、さらにその話し合いの結果の具体化に努めたのである。重要なのはこの「包括的再生」の理念は、佐渡島内で実践した移動談義所の活動を通して構築されたということである。すなわち、佐渡の地域住民のインタレストやニーズを広くふまえながら、地域社会の課題点を抽出し、さらにその課題解決に向けた基本的な理念を構築したことである。このことが、天王川再生事業の合意形成マネジメントにおいて、加茂湖を含む水系を一体的に再生していくという議論の方向につながっていったのである。

（２）市民組織「佐渡島加茂湖水系再生研究所」の設立企画

　天王川と加茂湖の一体的な再生を実現するためには、具体的に誰がどのような方法によって行うのかということから検討しなければならなかった。なぜなら、天王川と加茂湖における行政的区分の違いから、現状では公共事業によって加茂湖の自然再生を実現することは困難だったからである。

　そこで天王川の座談会に参加した漁業者らは合意形成マネジメントチームに対し、市民が主体となって加茂湖の再生を実現する方法を考えるための研究室を加茂湖漁協内に設置することを依頼し、他の参加者もこれに賛同した。天王川自然再生事業の合意形成マネジメントチームを務めていた東京工業大学大学院・桑子研究室はこの依頼を受け、多様な人びとが自由に参加し、それぞれの関心に沿って研究活動を行えるような開かれた研究組織の設立を提案した。また、そのための研究組織の名称を「佐渡島加茂湖水系再生研究所」とすることとした。名前に「加茂湖水系」と入れたのは、座談会や談義を通して、加茂湖のなかだけではなく天王川や佐渡全体の自然生態系を含んだ環境再生を実施することの重要性が人びとの間で共有されていたことを背景にしている。この研究所では、漁業者を含む地域住民、学識経験者、新潟県・佐渡市・環境省の行政関係者が協働しながら、加茂湖水系の再生に向けた実践・調査・研究活動を行う。地域住民らはこの研究所を「カモケン」と

いう通称で呼んでいる。

　桑子研究室は、2008年6月15日に、「佐渡島加茂湖水系再生研究所設立企画談義」というワークショップを開催した。設立企画談義は、加茂湖漁協の全面的な協力のもとに実施され、参加者は漁船に乗って加茂湖を周遊し、加茂湖の状況を観察しながら、カモケンを具体的にどのような組織にするかということについて話し合った。船上からは、加茂湖の水質や魚類、さらに陸の遊歩道からは見えないコンクリートの矢板護岸などをはっきりと確認することができた。そのため参加者にとっては、漁業者が抱える加茂湖の環境に対しての危機感を、より明確に認識する契機となったのである。

　船上からの加茂湖の眺めは、漁業者にとっては日常的なものである。彼らは、加茂湖を生業の場としているため、おのずとその注視点は水中の状況やカキ筏などの漁業にかかわる対象へと注がれる。加茂湖周辺の景観など、生業とは直接かかわりのない付加的な環境要素は、彼らの視野において主題化されることは少ない。しかし、漁業者以外の多くの参加者は、湖上からの良好な景観に感嘆の意を示した。漁業者以外の視点、いわば湖上からの眺めに対して日常化されていない視点を導入することにより、加茂湖の新たな価値が掘り起こされたのである。このことは、漁業者にとって日常化してしまった加茂湖への視線を更新する機会となった。ここに、カモケンの設立企画において、漁業者だけではなく多様な人びとが空間体験を共有することの狙いがあった。

　その後、参加者は、湖上でのフィールドワークの体験をふまえて、カモケンの具体的なしくみについて議論した。ここでの話し合いの内容は、主に①加茂湖の再生における現在の課題、②研究活動の内容、③研究所の運営について、の3点であった。

　研究所設立企画談義に参加した河川工学者の島谷幸宏は、加茂湖の再生に向けて、自然科学的な課題と社会的な課題の両方を解決していかなければならないと指摘した。自然科学的な課題とは、加茂湖周辺の森林や川との連続性の確保、海・河川・農地等との水循環低下の原因究明とシミュレーション、周辺の土地からの排水流入による負荷軽減の方法等について検討するこ

とである。加茂湖の再生に向けては、加茂湖内の環境だけではなく、周辺との連続性をいかに確保していくかがポイントとなる。さらに、そのためには行政的区割りの問題を克服していかなければならないと島谷は語った。天王川と加茂湖の例のように、連続する空間であっても、管理者が異なる場合は一体的に事業を展開することは困難である。これはいわゆる行政のタテ割りの問題である。カモケンは、行政のタテ割りに起因する制度の切れ目を、市民の活動によってつないでいくことを目指した。

　加茂湖の再生に向けて取り組むべき事項としてあがったのは、過去および現在の加茂湖の環境に関する情報の収集である。過去の情報とは、具体的に加茂湖にはどんな生き物がどれだけ生息していたか、生態の変化がみられだしたのはいつ頃からか、かつて湖岸に群生していたヨシ原はどのような形状だったのか、といった内容である。Darren Ryderら[4]が、河川などの水域における自然再生では流域の社会的・文化的・生物学的な属性を総合的に反映し、関係者の間で再生の理想像を描いていくべきだと主張するように、環境の変遷に関する情報は、加茂湖の健全な生態系の回復に向けた再生の方法と、再生後のイメージを形成していくうえで不可欠である。また、加茂湖の環境劣化の原因としてどのような要素が考えられるのかを判断するための情報も不足していた。ワークショップに参加した加茂湖周辺の下水道整備に携わる住民は、「加茂湖の周辺では、生活排水を加茂湖へ垂れ流している家がまだ多い」と指摘した。対症療法的な改善ではなく、環境劣化の根本的原因から解決していこうとすれば、加茂湖内の環境だけでなく、流入する農業排水、生活排水などの処理方法についても検討しなければならない。そのためには、加茂湖周辺地域の排水ルートに関する情報をまず把握する必要があった。設立企画の段階では、個人的に行われた水質調査のデータや、加茂湖漁協が集積している水産に関するデータが散見されるのみで、過去や現在の情報は集約されていなかった。カモケンでは、収集した情報から加茂湖の現状を把握し、実行可能なものから政策提言を行っていくこととした。

　参加者は、その他のカモケンの研究活動内容として、「加茂湖水系の景観

づくり」、「まちづくりと一体となった自然再生」、「環境教育活動」などを提案した。これらの提案からわかるのは、人びとが自然環境の再生だけでなく、周辺地域の活性化につながる活動を望んでいるということである。つまり、自然再生と地域再生を包括的に行うための活動展開である。そのような活動を実践するためには、多様な知識体系とそれを具体化していくための実行力の有無が問われる。したがってカモケンの運営では、市民の主体的な活動と研究活動内容の多様性を担保するためのしくみを必要とした。設立企画談義での話し合いを通して、「みんなが先生、みんなが生徒」をモットーに、市民・学識経験者・行政関係者・民間企業等の立場を問わずに、誰でも自由に参加し、研究活動を行うことのできるしくみを構築することとなった。

(3) 佐渡島加茂湖水系再生研究所のしくみ

カモケンは、2008年7月11日の設立総会において、任意団体として発足した。この総会は、天王川自然再生事業の合意形成マネジメントを務め、また加茂湖漁協や地域住民と共にカモケンの設立企画を行ってきた東京工業大学大学院・桑子研究室が実施した。総会には市民、NPO、研究者、行政関係者、民間企業など合計81名が出席した。加茂湖の漁業者は2008年時点で組合員が126名であり、そのなかで設立総会に参加した漁業者は33人であった。この割合からも多くの漁業者が加茂湖の環境再生に深い関心をもっていたことがわかる。総会では、企画談義での議論内容をふまえた研究所の設立宣言として、次の6点が示された。

① 公正中立な立場に立って、豊かな佐渡島加茂湖水系地域を再生するための研究・実践活動を進めます。
② 佐渡島加茂湖水系地域について、だれもが理解を深め、再生のための活動に参加することができるように、開かれた研究所の運営を心がけます。
③ こどもたちにも分かるような研究成果の説明を心がけます。

④参加する者がそれぞれの能力を発揮できるように、実行できることから解決につなげる努力をします。
⑤研究・実践活動を進めるに当たっては、地域の特性と課題をしっかりと踏まえます。
⑥研究所の自然再生の取り組みが、国内外のモデルとなるように、研究実践の理論化と情報発信に努めます。

　カモケンには、加茂湖に関心を抱く人であれば基本的に自由に入会することができる。ただ、入会時にはこの設立宣言に同意する意志を表明することを条件とした。入会の対象者は、子どもから大人、個人および法人など、年齢や立場に関係なく幅広い人びとが自由に活動に参加できるしくみとなっている。また会員から会費は徴収せず、研究所の運営費等は寄付という形で募ることにした。
　さらに、企画談義であがった具体的な研究活動内容の提案や参加者のニーズをふまえて、次の4つのテーマを研究活動プロジェクトの柱としている。

①加茂湖水系の自然再生
②佐渡島の地域づくり
③佐渡島における環境教育
④加茂湖周辺の歴史・文化の掘り起こし

　カモケンは設立宣言後、佐渡市両津夷にある加茂湖漁業協同組合のなかに研究室を設置した。その後2008年11月2日に、加茂湖畔に第一研究室という本格的な活動拠点を設置した。これに伴い、カモケンは事務局を設置し、運営体制を整えた。組織のマネジメントを担うのは事務局と理事会である(図6-3)。理事は総会で選出される。2008年の設立時の役員はすべて島外の人間であった。理由は、地域の利害関係による対立構造が生じないようにするためである。設立から1年半が経ち、活動が軌道に乗った時点で理事長を交代し、理事および顧問に数人の地域のキーパーソン

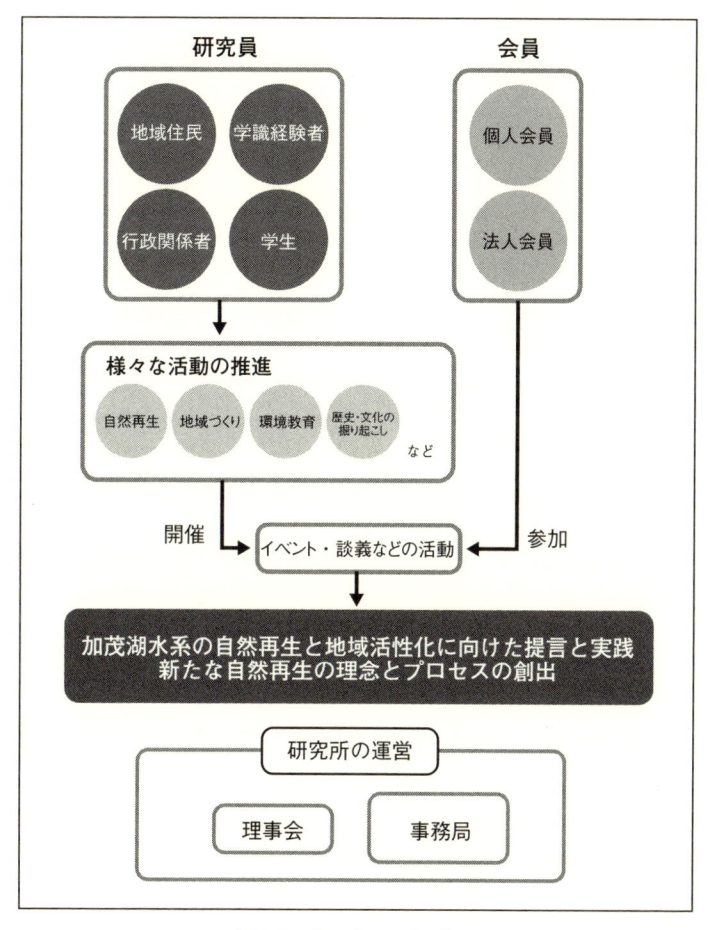

図6-3 カモケンのしくみ

を選任した。その際、カモケンの活動に積極的に参加してきた人のなかで、加茂湖の漁業者、プロの潜水士、地元の建設業者、宿泊施設のオーナーといった多様な立場・職業の人びとが就任した。2012年3月時点では、理事全5名のうち、佐渡の地域住民が3名、島外者2名という構成になっている。事務局は佐渡の住民と島外者の各1名ずつが担当している。また、顧問は計3名のうち、地域住民2名、島外者1名となっている(**表6-1**)。

会員ついては、加茂湖について関心を抱く人びとであれば、入会申込書の規約に賛同すれば誰でも入会できる。そのなかで、自身の得意分野を活かしながら積極的にプロジェクト運営にかかわる会員を研究員として位置付けている。

表6-1　カモケンの役員構成

	役職	地域住民	島外者	合計
2008年7月〔設立時〕	理　事	0	4	4
	事務局	2	0	2
	顧　問	0	0	0
2012年3月時点	理　事	3	2	5
	事務局	1	1	2
	顧　問	2	1	3

　カモケンは設立以降、漁業者をはじめとする地域住民、および佐渡市や新潟県、環境省といった行政関係者らとともに、加茂湖の自然再生や周辺地域の活性化、あるいは環境教育活動など様々な活動を展開している。

　また、2008年12月には、佐渡の前浜地区にある岩首という集落の旧岩首小学校内に第二研究室を設置した。岩首小学校は2007年4月に廃校になったが、その廃校舎は地域の交流活動拠点として、「岩首談義所」という名で地域住民によって利活用・運営されている。第二研究室は、主に医療福祉や介護、地域高齢化の問題についての活動拠点として、岩首の地域住民の依頼によって設置することとなった。

　以上に論じてきたように、「トキと社会」研究チームがデザインし、実践した移動談義所の活動は、トキ野生復帰事業に対する人びとのインタレストが明らかになっていない状況において、地域の多様なニーズを掘り起こしていくことに成功した。さらに、談義所の活動の大きな成果として、佐渡の地域の課題を解決するための方向性としての「包括的再生」の理念を構築した。この「包括的再生」の理念が、天王川と加茂湖の一体的な再生活動へと展開し、

そのなかで「佐渡島加茂湖水系再生研究所」という市民協働組織の設立へつながっていったのである。

■註
1 環境省：佐渡地域環境再生ビジョン、2003.3。
2 豊田光世、山田潤史、桑子敏雄、島谷幸宏：「佐渡めぐり移動談義所」によるトキとの共生に向けた社会環境整備の推進に関する研究、自然環境復元研究、第4巻、Vol.4、pp.51-60、2008.5。
3 東京工業大学大学院社会理工学研究科価値システム専攻桑子研究室：佐渡めぐりトキを語る移動談義所の歩み、環境省地球環境研究総合推進費「トキの野生復帰のための持続可能な自然再生計画の立案とその社会的手続き(F-072)」トキと社会研究チーム活動報告書、2010.3。
4 Ryder, Darren, Brierley, Gary J., Hobbs, Richard, Kyle, Garreth & Leishman, Michelle.: Vision Generation – What Do You Seek to Achieve in River Rehabilitation? –, in *River Futures* (Brierley, Gary J. & Fryirs, Kirstie A., Eds.), Island Press, pp.16-27, 2008.

第7章　コモンズとしての加茂湖

　地域に根ざす形で自然再生事業を展開するうえでは、具体的に誰が、どのようにして、どこまでの役割を担うかということを明確にしなければならない。また、そのためのしくみをいかにして構築していくかということが重要な課題となる。多様な主体が地域の自然環境に共同でかかわりをもつプロセスには、地域共同管理空間としての「コモンズ」の概念が多くの示唆を与える。前章でその設立経緯について論じた佐渡島加茂湖水系再生研究所においても、多様な人びとの協働によって加茂湖を再生するための活動のなかで「コモンズ」が重要なキーワードとなっている。本章では、多様な主体が参加する自然再生プロセスにおける「コモンズ」概念の意味について考察する。さらに、佐渡島加茂湖水系再生研究所の実践活動を概観しながら、地域の自然環境を多様な人びとが共同で管理するコモンズとして捉えることの重要性について論じる。

第1節　環境問題におけるコモンズ論の展開

（1）「コモンズ」に関する議論とその背景

　地域住民が主体的かつ持続的に自然環境の保全・再生にかかわるプロセスを構築するうえでは、地域が共同で管理する自然資源あるいは空間を表す「コモンズ」の概念が重要な方向性を示す。コモンズ(commons)とは、もともとはイギリスにおいて、貴族や地主が所有していた土地を、庶民が運動によ

ってアクセスの権利を認めさせたものを表す言葉であった。地主らが農民たちにとっての生産活動の場所を囲い込んでいくなかで、農民たちが薪炭材の採取などに利用してもよいとされた土地である[1]。これが「共有資源」、「共有地」あるいは「入会権」として広義に解釈され、様々な議論が展開されることとなった。その大きなきっかけとなったのが、1968年に生物学者のGarrett Hardinが発表した「コモンズの悲劇(Tragedy of the Commons)」という論文である。Hardinは、誰もが自由にアクセスできるコモンズにおいては、個人がそれぞれの利益の最大化を考えるため、資源は枯渇し、コモンズの環境は必然的に劣化すると主張した[2]。

日本では、「入会地」という言葉がコモンズの概念に近い。水田や居住地など常に管理することによってその機能を持続させてきた場所に対して、「入会地」とは不特定多数の人びとが必要な時に自由に入って利用してきた場所のことである。たとえば、薪や山菜を採取する「集落林」などである。

環境分野におけるコモンズ論が展開されていった背景にあるのは、持続的な環境の維持管理に対する行政主導型の方法と論理の限界である。三俣らは、「従来のガバメント型の資源や環境の管理は……地域社会で展開されてきた人びとの実践と自治の様相に、十分に配慮してこなかったといっても過言ではない[3]」と述べている。そのような背景のもとに日本の環境分野では、市民やNPOなどが公共的役割を担うプロセスについて、「だれが何を具体的に担うのか」という問題を軸にコモンズの議論が深化してきた[4]。つまり、地域マネジメントについて、行政機関が一括して管理を担当するのではなく、地域住民や市民組織などがどのようにして責任をもってそのプロセスにかかわるのかという問題である。

また、コモンズ論の深化は、現代社会が抱える課題を解決するための具体的なアプローチ方法を提供する。三俣らは、環境問題におけるコモンズ論では、「地域(生活世界)の視点に立って、国家や市場を相対化するとともに、地域の有する様々な力を最大限に発揮させるにはどのような制度や政策が構想されるべきかが議論になってきた[5]」と述べている。さらにその背景には、「環境劣化の深刻化、市場経済制度下で生じる弊害の表面化、地域社会の崩

壊という社会問題が横たわっている」と主張する。これらのことをふまえて三俣らは、自然環境と人間の経済制度の両方に焦点をあてて、実際のフィールドから分析を進めるためにコモンズ論を用いようとする。すなわち、現代社会に横たわる自然環境あるいは社会環境における諸問題を総合的に捉え、それらをローカルな視点から解決するための糸口としてコモンズ論を捉えているのである。

　では、環境問題に関する文脈のなかで、具体的に「コモンズ」はどのように定義されているのだろうか。主に森林を対象にコモンズ論を展開する井上真は、非所有制度および非所有資源を「グローバル・コモンズ」、共的所有制度および地域共有資源を「ローカル・コモンズ」とする考えを基本としている[6]。

　井上はコモンズを、「自然資源の共同管理制度、および共同管理の対象である資源そのもの」と定義した。そのうえで、グローバル・コモンズを、「将来地球レベルで成立するコモンズ」であり、また「自然資源にアクセスする権利が一定の集団・メンバーに限定されない管理制度」としている。一方、ローカル・コモンズは「地域社会レベルで成立するコモンズ」であり、「自然資源にアクセスする権利が一定の集団・メンバーに限定される管理制度[7]」であると述べている。井上は、資源の「所有」にはこだわらず、実質的に利用を含む「管理」が共同で行われていることをコモンズの条件としている。たとえば、ある雑木林が誰かの私有地であっても、そこが暗黙に、あるいは契約によって地域住民に共同管理されていれば、それはコモンズである。公共スペースとしての雑木林の場合、そこが地域住民によって管理されているのならコモンズであるが、行政機関による排他的な管理がなされている場合はコモンズではない。さらにローカル・コモンズを、何らかのルールにより資源が持続的に管理されている場合は「タイトなローカル・コモンズ」、逆にルールの存在しない場合を「ルースなローカル・コモンズ」と表現している。このように井上は、管理・利用の「しくみ」に着目して、公的機関だけが管理するのではなく、そこに地域の主体的なかかわりが存在する場合をローカル・コモンズであるとしている。

環境社会学者の宮内泰介は、コモンズを「共有財産としての環境」あるいは「環境を共有するしくみ」としている[8]。また、三俣らの研究では、「①共有・共用する天然資源、②それらをめぐって生成する共同的管理・利用制度」とした[9]。これらの定義では、管理のしくみに加えて、利用する資源、あるいは資源を供給する環境を財産として、それらもコモンズとして捉えている。

三俣らの議論を引き継ぐ形で室田は、ローカル・コモンズを次のように定義した。

> 地域社会の人々が、その地域にある天然資源ないしは空間を、外部からの強制によるのでもなく、私的な利潤追求のためにでもなく、共同で利用し管理する制度のことである。それと同時に、そのような意味での共同利用・管理の対象となる天然資源ないしは空間そのものもコモンズと考える[10]。

室田の定義では、「管理のしくみ」や「資源」だけでなく、「空間」そのものもコモンズとして捉えている点が特徴である。すなわち、資源そのものを直接的に利用するだけでなく、空間にかかわる何らかの行為もローカル・コモンズの利用というように捉えることができる。たとえば、雑木林において、薪材や山菜を収穫することだけでなく、レクリエーションや環境教育活動などの行為もローカル・コモンズとしての利用である。さらに着目すべきは、「外部からの強制によるのでもなく、私的な利潤追求のためにでもなく」と明記しているように、コモンズの管理にかかわる人びとが自発的にではありながら、純粋に利己的ではない姿勢であることを本質としている点である。室田の言葉によれば、ローカル・コモンズは、「公」でも「私」でもない「共」の領域に属する[11]。

以上のコモンズに関する議論を総括すると、ローカル・コモンズとは、地域レベルで多様な人びとに利用され、かつその資源・環境を持続的なものとするために、地域の人びとが主体的に維持管理へかかわっているしくみ、あるいは空間として捉えることができる。なお、以降では特に言及しない限り

「コモンズ」を「ローカル・コモンズ」の意味で用いることとする。

（2）重層的かつ動的な性質をもつ「ローカル・コモンズ」

　宮内は、コモンズを重層的かつ動的なものと捉え、地域や時代の状況のなかでタイトであったりルースであったりと、その性質を変化させるものだと述べている[12]。

　海岸を例に考えた場合、漁業者、近隣の住民、釣りや海水浴などを目的とした来訪者など多様な関係者を想定することができる。これらの人びとの海岸へのかかわり方は、当然のことながら一様ではない。たとえば、漁業者にとっては海岸環境のあり方は自分やその家族の生活に直接的に影響を与える。また近隣の住民にとっても、漁業者ほどではないにしろ、海岸を取り巻く状況の変化は自分たちの生活に無関係ではない。一方で、他地域からの来訪者にとっては、他の海岸へ行くという選択肢もあることから、漁業者や近隣住民ほど深刻な問題ではないかもしれない。また、海岸環境を日常的に利用している漁業者があり、趣味で釣りや泳ぎを楽しむ人びとがあり、制度上の管理主体である行政機関があるように、利用・管理の面においても複数のレイヤーが存在する。つまり、コモンズにおいては、多様なステークホルダーがそれぞれ濃淡をもちながら重層的にかかわっているのである。

　また、コモンズが動的であるということについて、宮内は次のように述べている。

　　ルースなコモンズといえるような地域社会と環境との関係が、何かを契機にタイトなコモンズに変質することもある。人口の増加や技術の進歩などにより、厳しいルールを作らないと資源枯渇の危険が迫ったときなど、そうしたことが起こりやすい。あるいは逆に、その自然資源の利用がそれほど重要でなくなったために、地域社会のルールが有名無実化してしまうこともあるだろう[13]。

コモンズにおけるルールの変化については中嶋らが、伝統的に地域住民が共同で利用・維持管理してきた岐阜県・郡上八幡の水辺空間におけるローカル・ルールについて研究を行った[14]。その研究によれば、かつては野菜洗い、食器洗い、洗濯など多様な目的における水辺空間利用が、上水道の敷設や水道の普及などによって衰退し、それに伴ってかつては厳密なものとして存在していた水辺空間の利用に関するローカル・ルール、あるいは組合組織が消滅するケースもあるとしている。

その他にも、北上川研究会のメンバーである塚本善弘が、北上川河口域をフィールドに、ヨシ原利用・管理システム再構築に向けて行った研究のなかで、ヨシの需要の変化とそれに伴うヨシ原の管理体制の変化について言及している[15]。岩手県・北上川河口域には広大なヨシ原が広がる。そこで収穫されるヨシは、高度経済成長期以前には屋根の茅葺き材や壁材として利用されるなど、地域住民にとって重要な経済的価値をもつ地域資源であった。1900年の河川法制定以前は、集落が慣行的にヨシ原の管理を行っており、河川法制定以降も、その土地との縁故がある集落が許可を受ける形でヨシ原を利用していた。その際には、「契約講」と呼ばれる伝統的地域住民自治組織が、厳格なルールのもとにヨシ原の共同占有を支えていた。しかし高度経済成長期以降、様々な建築材料の登場や安価な外国産の輸入等の理由によってヨシの需要は大幅に減少すると、地域によるヨシ原の管理は行われなくなった。つまり、ヨシ原維持管理のための地域独自のルールが無効化されたのである。塚本はその背景として、ヨシの需要が減少したことに加えて、北上川の改修工事等によって河口部の環境が変化し良質なヨシが収穫できなくなったことも影響していると述べている。しかし、1990年代に入ると地域での環境意識の高まりから、一部の人びとを中心に再びヨシを利用した産業が展開され始める。その活動が様々な広がりを見せ、行政と地域住民は互いに連携しながらヨシ原の健全な環境を維持するための取り組みを実施するようになった。

このように重層的かつ動的なものとして捉えられるコモンズについて、2009年にノーベル経済学賞を受賞した経済学者Elinor Ostromは、山林や河

川などコモンズの形態は様々であるが、すべてのコモンズは不明確で複雑な環境に存在しているという点で共通していると述べる。そのうえで、そのような性質をもったコモンズを持続的に維持管理していくための共通の方針として次の8項目を示している[16]。

①明確に定義された境界
　　コモンズにかかわる個人や家庭などの構成員とコモンズの境界が明確に定義されていること
②利用・供給のルールと地域の環境特性との調和
　　時間、場所、技術などを規制する利用ルールと資源の量が、地域環境の特性・状況および供給のルールと関連付けられていること
③集団的決定についての取り決め
　　ルールに影響を受ける人びとがルールの変更に参加できること
④モニタリング
　　コモンズの状態およびコモンズ利用者の行動が監視されていること
　　監視者は利用者に対して責任を負う主体かあるいは利用者自身であること
⑤段階的な罰則
　　運用ルールをやぶった者に対しては、違反の深刻さや文脈に応じて段階的に罰則が与えられること
⑥紛争解決のしくみ
　　迅速かつ低コストで紛争を解決するための機構が存在すること
⑦組織への権利についての最低限の承認
　　コモンズに関する権利が外部の機関によって大きく侵害されないこと
⑧入れ子になった組織(コモンズがさらに大きなシステムのなかの一部である場合)
　　利用、供給、モニタリング、強制、紛争解決、および管理活動が入れ子構造のなかで重層的に組織されていること

Ostromは多数のフィールド・リサーチと経済学等の理論を用いた分析によって、集団的に利用・管理されている自然資源は上述の条件を満たすことによって長期的・持続的に維持されると結論付けた。

　コモンズの維持管理をめぐるルールは、時代や社会的背景によって時にルースであったり、また時にタイトであったりとその性質を変化させる。さらに、それに伴ってコモンズへの人びととのかかわりの濃淡も変化する。したがって、Ostromが述べるようにコモンズの環境を持続的なものとして維持していこうとすれば、社会的状況やコモンズに実質的にかかわる人が変化したとしても、常に状況を把握しながら管理体制やルールについて議論し決定するための場が必要となる。また、ローカル・コモンズは管理体制への地域の主体的なかかわりを必要条件としているから、そのような場は公的機関が全面的に担うのではなく、地域住民が構成の中心的存在でなければならない。

（3）自然再生におけるコモンズ論の意義

　本節で論じてきた様々な研究者によるコモンズ論は、自然再生事業においてもきわめて重要な意味をもっている。なぜなら、自然再生推進法やその他の関連法規で明記されているように、自然再生を進めるうえで重要な課題となるのは、維持管理を含んだ事業プロセスに地域住民が積極的かつ主体的にかかわることだからである。そこで問題となるのが、地域住民が自然環境の再生と維持管理に主体的にかかわるためのモチベーションをどのように高めていくかということである。菊地[17]や豊田ら[18]が指摘するように、自然再生推進の基礎にある生物多様性などの普遍的環境価値と、地域住民がもつ日常的価値との間にはギャップが生じがちである。たとえば、地域住民は生態系の保全よりも、しばしば地域経済や教育などの問題をより身近なものとして捉える場合がある。そのような場合に、生物多様性の保全といったテーマのもとに地域住民に主体的参加を促したとしても、生物の問題に関心の薄い人びとが自然再生プロセスに積極的にかかわることは難しい。言い換えれ

ば、自然再生において地域住民の積極的参加を実現するためには、自然再生事業の意義と地域住民の価値認識を関連付けていかなければならない。

自然再生プロセスに「コモンズ」の視点を導入することはすなわち、自然環境について、生物の問題だけでなく様々な価値や意味を見出し、さらにその環境を持続的なものとして地域住民が主体となり維持管理していこうとすることを意味する。前述したように「資源」としてだけでなく「空間」そのものもコモンズとして捉えることができることから、コモンズとしての自然環境は、資源の利活用などの経済的価値だけでなく、レクリエーションや教育といった行為を実践する場としての価値をもつと考えることもできる。自然環境に様々な価値を見出していくことは、多様な人びとがそれぞれの関心にそって主体的に自然再生にかかわる可能性を広げることにつながる。

一方で、「コモンズの悲劇」と表現されるように、人間が自身の利益のために自由に自然環境を利用していては、適切な環境を維持することはできない。そこで、Ostromのコモンズ管理に関する理論は、多様な人びとがかかわる自然再生においても重要な示唆を与える。そのため、Ostromの議論を念頭に置きながら、コモンズとしての自然環境をいかに再生していくかという問題についての考察が必要となる。

本節で論じたコモンズに関する議論をふまえると、地域住民が主体的かつ持続的に自然環境の保全・再生にかかわるプロセスを実現するためには、次の2つが重要な課題としてあげられる。ひとつは、地域の自然環境をコモンズとして捉え、その再生からマネジメントを担う地域の主体をいかにして形成するかということである。さらにふたつ目は、自然環境をコモンズとして管理していくためのルールをどのようにしてつくっていくかということである。

ひとつ目の課題であるコモンズを担う地域主体の問題については、第6章でその設立経緯について述べた「佐渡島加茂湖水系再生研究所」の実践活動をみながら、地域のニーズに応じた多様な活動展開のなかで、個々の活動がコモンズの包括的再生という目標のもとに人びとの間で共有されていくプロセスを論じる。さらに2点目のコモンズ管理のルールに関しては、加茂湖での

多様な活動をもとに、加茂湖をコモンズとして再生・マネジメントしていくための「加茂湖憲章」の具体的内容、および憲章策定の意義について論じる。

第2節　加茂湖再生の活動とルールづくり

　前節でみてきたように、コモンズに関する既往研究の多くはすでにコモンズ的空間が成立している状況において、それらをどのようにして持続的に維持していくかということに焦点を当てている。すなわちこの意味においてコモンズのマネジメントが主題となっている。佐渡の加茂湖での実践においてまず必要であったのは、第一に、漁業者以外の住民にとって関心の低かった加茂湖に多様な人びとがかかわる機会を創出し、環境再生を実現していくことであった。そのなかで「コモンズとしての加茂湖」という認識を多様な人びとの間で共有し、さらに「コモンズとしての加茂湖」を再生していくプロセスを構築することであった。加茂湖のように、一度コモンズとしての機能を喪失してしまった自然環境や自然資源を、どのようにしてコモンズという視点を組み込みながら再生していけばよいだろうか。また、コモンズ再生を担うべき主体はどのようにしてその正当性を獲得していくのであろうか。第6章では、加茂湖水系の包括的再生を推進する協働組織としての「佐渡島加茂湖水系再生研究所(通称：カモケン)」の設立経緯について詳細に論じた。本節では、佐渡島加茂湖水系再生研究所の実践活動において、「コモンズとしての加茂湖」という視点を共有するための実践方法について論じる。カモケンの活動における柱は、①加茂湖水系の自然再生、②佐渡島の地域づくり、③佐渡島における環境教育、④加茂湖周辺の歴史・文化の掘り起こしの4点である。本節では、それぞれのテーマにそって具体的な活動内容(**表7-1**)をみていきながら、多様な活動展開を通して、カモケンがコモンズとしての加茂湖を再生する重要な地域主体として発展していくプロセスについて論じる。

表7-1　カモケンの主な活動一覧

カテゴリ	イベント名	開催日時・実施期間	実施・開催場所	主な参加者	内容
自然再生	ヨシ原再生実験	2009年2月〜	加茂湖潟端エリア	漁業者 大学関係者	加茂湖の潟端エリアに、ヨシ原再生のための実験場を整備し、その後のヨシの繁茂状況や水質の変化の調査を行った。
	希少動植物保全・保護	2009年3月〜	加茂湖全域	地域住民 佐渡市、新潟県 大学関係者	加茂湖内、あるいは周辺エリアに生息する希少動植物の保全・保護活動を展開した。
	加茂湖クリーンアップ作戦	2010年5月3日	加茂湖周辺	地域住民 環境省 大学関係者	カモケンと地域住民および行政関係者で、湖内の清掃活動を実施した。
	佐渡環境フォーラム2009	2009年11月15日	トキ交流会館 (新穂潟上)	地域住民 佐渡市、新潟県 環境省 大学関係者	不法投棄監視員、漁業者、地域住民、行政関係者、大学などの多様な人びとが、加茂湖の環境の保全・再生について現地視察をふまえながら意見交換を行った。
	こごめのいり再生プロジェクト	2010年8月〜	加茂湖秋津エリア	地域住民 佐渡市、新潟県 環境省 大学関係者	加茂湖・秋津エリアのこごめのいりという入り江において、カモケンが主体となってヨシ原の再生事業を展開した。
	佐渡の海をめぐる談義	2010年11月5日	加茂湖漁協 (両津夷)	地域住民 佐渡市、新潟県 環境省 大学関係者	加茂湖を含んだ佐渡の海・水辺の環境をテーマに、公開講演会を開催した。
	加茂湖再生談義	2011年4月30日	トキ交流会館 (新穂潟上)	地域住民 佐渡市、新潟県 環境省 大学関係者	加茂湖の将来像について、漁業者、地域住民、行政関係者、子どもたちで意見交換を行った。
地域づくり	加茂湖水系景観談義	2008年7月12日	加茂湖漁協 (両津夷)	地域住民、佐渡市 新潟県、環境省 大学関係者	佐渡市の景観条例へ提案するために、カモケンで実施する景観づくりの研究内容について議論した。
	加茂湖漁協風景談義	2008年8月26日	加茂湖漁協 (両津夷)	漁業者 大学関係者	漁業者の目からみた佐渡島の風景について話し合った。
	第2回加茂湖水系景観談義	2008年9月14日	トキ交流会館 (潟上)	地域住民、佐渡市 新潟県、環境省 大学関係者	佐渡市景観計画策定の担当者をまじえて、景観計画のあり方について議論した。
	みんなが元気に暮らせる談義	2008年11月1日	岩首談義所	地域の高齢者 佐渡市社会福祉協議会 大学関係者	岩首地域の高齢者と共に、佐渡島における医療・福祉に関する課題と関心について話し合った。

第7章 コモンズとしての加茂湖

カテゴリ	イベント名	開催日時・実施期間	実施・開催場所	主な参加者	内容
地域づくり	廃校舎再生サミット	2009年10月24日	岩首談義所	地域住民、佐渡市新潟県、環境省大学関係者	佐渡島で増加が見込まれる廃校舎の利活用方法について、パネルディスカッション、および意見交換を行った。
	潟端談義	2009年10月25日	潟端公民館	潟端地区の住民大学関係者	潟端地区の抱える課題や魅力、および課題解決の方策について意見交換を行った。
環境教育	「いい中津川」をつくろう	2008年11月4日	金井小学校	金井小学校の生徒・教員地域住民、新潟県大学関係者	佐渡市の景観条例へ提案するために、カモケンで実施する景観づくりの研究内容について議論した。
	佐渡中等談義	2009年7月8日	佐渡中等教育学校	佐渡中等教育学校の生徒および教員地域住民、新潟県環境省大学関係者	生徒たちがグループに分かれてトキ野生復帰、および加茂湖の環境について話し合い、その結果を報告した。
	加茂湖エコ・ウォーク	2009年8月1日	加茂湖周辺	佐渡中等教育学校の生徒・保護者および教員地域住民新潟県、環境省大学関係者	加茂湖および天王川をごみを拾いながら歩き、地域住民の解説をまじえながら、現状を把握した。
	トキ舞う島の国際談義	2010年6月26日	トキのむら元気館(新穂)	佐渡中等教育学校の生徒および教員地域住民、佐渡市、新潟県、環境省大学関係者	アメリカの環境倫理学者であるベアード・キャリコット氏とともに、佐渡での実践研究活動を参照しながら、環境倫理思想について議論した。
	第2回加茂湖エコ・ウォーク	2010年7月31日	加茂湖周辺	佐渡中等教育学校の生徒および教員地域住民、佐渡市新潟県、環境省大学関係者	2009年に引き続き、新潟県立佐渡中等教育学校の生徒たちは加茂湖・天王川を歩きながら、行政職員や地域住民からそれぞれの取り組みについて話を聞いた。
	みんなで「いい新保川」を考えよう	2010年11月8日	金井小学校	金井小学校の生徒・教員大学関係者	佐渡市立金井小学校の生徒とともに新保川の現地調査を実施し、その後に意見交換・情報共有のためのワークショップを実施した。
	加茂湖エコ・ワーク	2011年7月23日	加茂湖周辺	佐渡中等教育学校の生徒・保護者および教員地域住民新潟県、環境省大学関係者	299人の生徒が、1)昔の魚とりコース、2)生き物調べコース、3)一目入道コース、4)トキ野生復帰コース、5)トキビオトープコース、6)牡蠣養殖コースの6つのコースに分かれて、地域住民や魚性関係者と共に具体的な作業を行った。

カテゴリ	イベント名	開催日時・実施期間	実施・開催場所	主な参加者	内容
環境教育	一目入道紙芝居づくり	2011年10月〜		加茂湖周辺の小学生、佐渡中等教育学校の生徒地域住民大学関係者	加茂湖に棲むと言われる妖怪「一目入道」を題材に、加茂湖の環境教育用の紙芝居を、地域の子どもたちと共に作成した。
歴史・文化の掘り起こし	トキ舞う島の風景談義	2008年8月29日	トキのむら元気館(新穂)	地域住民、佐渡市新潟県、環境省大学関係者	昔の絵画や映像資料を観賞しながら、名勝地として有名であった頃の加茂湖の風景について話し合った。
	潟端妖怪談義	2009年12月24日	潟端	地域住民大学関係者	加茂湖に棲むと言われている妖怪「一目入道」について、地域住民とそのルーツについて話し合った。談義には、一目入道にまつわる行事である「目ひとつ行事」の総代を務める地域住民が参加し、かつて行われていた行事の様子を語った。
	加茂湖八景八珍談義	2011年6月11日	ホテルニュー桂	地域住民旅館経営者佐渡市大学関係者	加茂湖の風景観賞や地産地消の実践可能性について議論し、そのなかで地域の宿泊施設が中心に進める具体的な観光方策について検討した。

（1）加茂湖水系の自然再生

(a) 湖岸ヨシ原再生の実験

　カモケン設立の大きな契機となったのは、漁業者たちによる加茂湖の環境再生を望む声であった。加茂湖ではかつては湖岸の全域にヨシ原が広がっていた。しかし、1970年代頃から始まった加茂湖畔の農地保全事業によって、加茂湖の湖岸のおよそ8割が鉄の矢板によって護岸された。これにより、ヨシ原は一気に姿を消していった。ヨシは一般に水質浄化作用があることで知られていることから、漁業者らは護岸工事によるヨシ原の消失が加茂湖の環境を大きく変えてしまったと考えていた。

　そこで、カモケン設立後、漁業者たちが中心となって加茂湖岸にヨシ原を再生するための実験場を加茂湖・潟端地区に整備した。内容は、現状の矢板護岸の湖側を一部埋め戻し、自然形状の湖岸を整備したうえにヨシを植え付けるものである。実験場を整備した後、ヨシの繁茂状況や周辺水域の水質の

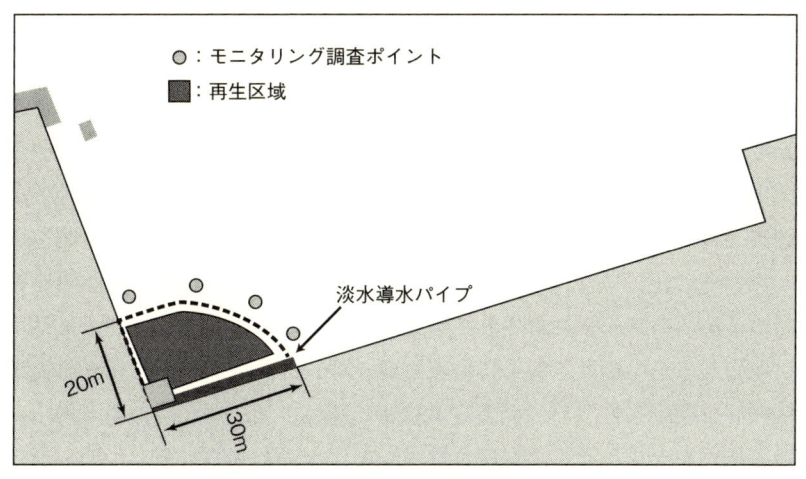

図7-1 ヨシ原再生実験場の計画平面図

変化等をモニタリングし、加茂湖でヨシ原を再生することの効果を検証することを目的とした。

　実験場整備における埋め戻しには、加茂湖の湖底を浚渫した残土、天王川河口部の浚渫残土、加茂湖畔の田んぼの表土、の3種類の土を用いた。これら3種類の土のなかからヨシ原の再生に適した土の条件について観察するためである。また、残土の使用については、加茂湖浚渫工事の事業主体であった新潟県が使用許可を出した。実験場の具体的な構造設計については、カモケンの研究所長である河川工学者の島谷幸宏（九州大学大学院・教授）が、漁業者と議論しながら詳細を決定した（図7-1）。

　実験場の整備は、2009年2月から現地測量にかかり、3月から工事を開始、8月に工事が完了した。工事を実施するにあたっては、実施主体としてカモケンが佐渡市に公共物の占用許可を申請した。また、工事に必要な人手、重機、材料等については加茂湖漁協が全面的にバックアップした。

　このヨシ原再生実験をひとつのきっかけとして、2010年からカモケンが主体となって、加茂湖の「こごめのいり」という入り江において、より本格的な湖岸再生事業を展開することとなる。この活動の詳細については第8章で

論じる。

(b) 希少動植物の保全・保護

　潟端でのヨシ原再生実験場の工事中に、加茂湖に「ネジリカワツルモ」という希少種の海草が生息していることが判明した。このことは、加茂湖で海草の調査を行っている地域住民らがカモケンへ報告してきたことから明らかになった。その住民によれば、ネジリカワツルモは、ヨシ原再生実験場を整備している箇所のすぐ横に群生しているという。この報告を受けてカモケンは実験場の工事を中断し、直ちに佐渡市建設課、佐渡市環境課、新潟県佐渡地域振興局、環境省佐渡自然保護官事務所の職員、加茂湖漁協の組合員、および地域住民らを招集し、ネジリカワツルモ保全のための方策について話し合いの場を設けた。その結果、話し合いに出席した関係者は、次に示す4項目を明記した覚書に署名した。

①加茂湖の生態系全体の保全・再生が必要である。
②ネジリカワツルモの現地調査を速やかに実施し、さらに調査研究をおこなう。
③湖岸帯再生の試験施工は規模を縮小して実施し（規模については現地確認済み）、ネジリカワツルモへの影響をモニタリングする。
④調査・研究活動は互いに協力して行う。

　これら一連の経緯をきっかけとして、カモケンはネジリカワツルモをはじめとする加茂湖周辺に生息する様々な希少動植物の保全・保護にも取り組むこととなった。

(2) 佐渡島の地域づくり

(a) 加茂湖の景観に関するワークショップ

　佐渡島の地域づくりに関連した活動では、加茂湖の景観に関連したものが

ある。2008年には、佐渡市が景観計画の作成に着手していることから、この景観計画にカモケンから提案を行うために3回のワークショップを実施した。

2008年7月12日に開催した「加茂湖水系景観談義」では、加茂湖の景観の魅力と課題について話し合った。また、「加茂湖漁協風景談義」では、加茂湖の漁業者にとっての加茂湖の風景について議論した。

これらのワークショップの総括として、2008年9月14日に、「第2回加茂湖水系景観談義」を開催した。このワークショップには佐渡市の景観計画作成の担当者、および景観計画作成業務を請け負っているコンサルタントを招集した。ワークショップでは、佐渡市の担当者が景観計画の概要と進捗について説明し、その後にカモケンが実施した景観に関するワークショップの内容をふまえた意見交換を行った。話し合いを通じて、佐渡市景観計画を策定するにあたっては、他の地域の計画を参照するのではなく、佐渡島民の生活文化、伝統文化、自然環境を包括的に捉えた独自性の高い景観計画が必要だという点で合意した。

ここで自然環境というのは、佐渡島でトキの野生復帰をきっかけに取り組まれている様々な自然再生事業を、「景観」という観点からどのように捉えていけばよいかという課題を含んでいる。自然再生が実施された空間は、当然、「景観」というかたちで人びとに知覚される。このワークショップでは佐渡市の担当者に、自然再生によって形成される景観について計画に盛り込むように政策提言を行った。

(b) 加茂湖地区の観光資源についての談義

景観に関する談義のなかである参加者が、加茂湖の美しい風景の表現として「加茂湖八景[19]」が存在したことを語った。「八景」は、中国から伝来したわが国における伝統的な風景評価方法である[20]。「加茂湖八景」のうちには、現在ではみることのできなくなった景色もある。さらに意見交換のなかでは、観光資源としての「加茂湖新八景」を選定してみてはどうかという声もあがった。

その後、2011年には温泉旅館の経営者からの依頼を受けてカモケンは、「加茂湖八景八珍談義」を開催した。この談義が開催に至ったきっかけは、加茂湖のほとりの椎崎温泉で旅館を経営する女将が、地域住民からカモケンの活動を耳にしたことである。この女将は、加茂湖の風景を観光資源として活用する方策を検討していた。椎崎の宿泊施設は、そのほとんどで加茂湖を望むことができる。女将は、加茂湖の景観を宿泊者にさらに楽しんでもらうような方法を考えていきたいと語った。

　そこで、風景談義でも話題にあがった「加茂湖八景」を地域の資源として活用するための談義を開催することとなった。また、佐渡の伝統的料理方法に関心をもつ地域住民によれば、日本各地の八景には、それとセットで「八珍」が存在していたという。八珍とは8つの珍味という意味である。談義のなかで、加茂湖でとれる食材を活かした8つの珍味である「加茂湖八珍」を選定し、それらを活かしながら椎崎をはじめとする加茂湖周辺の地域活性化につなげていくという提案で合意に至った。

(c) 少子高齢化対策についての談義

　佐渡島では、少子高齢化の問題が深刻となっている。2008年における佐渡市の総人口は66,294人であり、そのうちの高齢者の数は23,590人と、その割合は総人口の約3分の1である。しかも、高齢者の割合は上昇傾向にある。さらに、高齢者の単身世帯や高齢者夫婦世帯も増加傾向にある[21]。佐渡の住民の多くは、高齢化の問題を地域の抱える大きな問題であると認識していた[22]。

　カモケンは地域住民の依頼から、佐渡のなかでも高齢化の著しい岩首集落において、地域の高齢者と介護と医療をテーマに話し合う「みんなが元気に暮らせる地域づくり談義」というワークショップを開催した。この談義は佐渡市社会福祉協議会との共催で開催し、地域の高齢者32名が参加した。談義では、「健康増進をはかるにはどうしたらいいか」、「医療・福祉に対する心配ごとは何か」の2つのテーマで意見交換を行った。岩首地区の高齢者が普段から健康に気をつけていることは、「食生活」「運動」「労働」などであった。

また、医療に対する心配事では、「病院まで遠い」、「病院(医師)の数が少ない」、「夫婦二人の生活でひとりが倒れたとき(の介護)」といった意見があがった。このワークショップを通して、岩首地区の高齢者が抱える医療に対するニーズを把握することができた。

　加茂湖畔に位置する潟端地区においても、高齢化は重要な課題であった。潟端地区の住民は、地域が管理する公民館の有効利用や、地域活性化の方策について考えたいとカモケンに依頼し、2009年10月25日に「潟端談義」というワークショップを開催した。談義のなかで提案されたのは、地域伝承や郷土料理を活用した観光戦略による地域活性化の方策である。カモケンはこの談義の結果を受けて、地域の文化や伝承を積極的に掘り起こし、それらを多様な人びとの間で共有しながら、地域づくりに向けた方策に組み込んでいくことの重要性を認識した。

(d) 廃校舎の利活用に向けた話し合い

　少子高齢化に伴って佐渡島では、小中学校の統廃合による廃校舎の増加が課題となっている。このことを受けて2009年10月24日には、岩首という集落で「廃校舎再生サミット」を開催した。

　岩首集落は佐渡の前浜地区に位置し、山と海にはさまれた土地に小さな集落が形成されている。また地域の人びとの多くが農業に従事しており、集落の背後にある山の急斜面には棚田が広がっている。

　岩首集落のなかにあった岩首小学校は、少子化に伴う小中学校の統廃合によって、2007年の3月をもって廃校となった。小学校は集落の中心に位置し、地域の人びとにとって思い出が深い場所である。廃校が決まった際、小学校を何とか保存したいという地域住民の声を受けて、前章で論じた「トキと社会」研究チームは、小学校を利活用するための方策について意見交換を行うためのワークショップを実施した。ワークショップには研究チームや地域住民のほか、佐渡市や新潟県、環境省といった行政関係者も参加した。話し合いの結果、小学校を地域住民、島外からの観光者、研究者、あるいは行政関係者などの多様な人びとが交流するための施設として利活用していくこ

とで合意に至った。また、その名を「佐渡国岩首談義所」として、岩首の地域住民が主体となって管理していくこととなった。

2009年に実施した廃校舎再生サミットの目的は、佐渡島内で増加する廃校舎を地域で利活用するための方策について、地域住民、行政関係者をまじえて話し合うことである。この企画は、「岩首小学校の有効利用を考える会」のメンバーから依頼を受けて実現した。

廃校舎サミットは、カモケン、岩首小学校の有効利用を考える会、岩首棚田・トキ共生みらい、の3者の共催、および佐渡市の後援で実施した。内容は、パネリストによるディスカッションと参加者全員による意見交換の二部構成である。パネリストには、岩首集落の代表者、佐渡で先駆的に廃校舎をダイバーハウスとして利活用している北小浦集落の代表者、2010年に廃校が決まった西三川集落の代表者、「佐渡伝統文化と環境福祉の専門学校」の教員、佐渡島内で福祉活動を展開している住民、および佐渡市副市長が登壇し、廃校舎の価値と将来性に関して議論した。2007年より廃校舎を地域の交流拠点として利用している岩首地区の代表者は、「島外の人と集落の人との交流が、新しい情報の交換や地域の伝統的な文化や技術の再評価につながるなどして、集落の人びとの意識に変化が見られるようになった」と語り、廃校舎の再利用が地域の活性化につながると指摘した。議論内容を受けて佐渡市副市長は、「島外の大学等との連携によって、廃校舎再利用の方策を模索したい」と話した。

(3)佐渡島における環境教育

カモケンは、加茂湖や佐渡の将来世代を担う人材の育成に向けて、地域の子どもたちが加茂湖での活動に参加する機会を創出するために、両津の梅津地区にある新潟県立佐渡中等教育学校を訪問し、カモケンの理念や活動内容を紹介し、連携の道を模索した。その結果として実現したイベントが、「佐渡中等談義」および「加茂湖エコ・ウォーク」である。この連携は、佐渡中等教育学校が「郷土愛」をテーマに行っている教育プログラムが、カモケンの活動

方針と合致していることから、学校側からの依頼により実現したものである。

「加茂湖エコ・ウォーク」では、生徒たちがカモケン会員や地域住民、行政関係者と共に、加茂湖・天王川でフィールドワークを行った。加茂湖では、漁業者が生徒たちに、加茂湖の変遷、漁業の現状、ヨシ場再生の取り組み、水質などについての解説を行った。また天王川流域では、トキのためのビオトープ整備を行っている地域住民が、放鳥されたトキの動向や頻出場所について説明した。その他にも、環境省の職員や新潟県の職員が、それぞれの自治体で取り組んでいる事業についての説明を行った。

この加茂湖エコ・ウォークは、第1回目を2009年に、第2回目を2010年に実施した。さらに2011年には、エコ・ウォークから発展し、歩くだけでなく、加茂湖周辺を舞台に生徒たちが自ら作業を実施する「加茂湖エコ・ワーク」を実施している。このイベントでは、次の6つのコースを設けて、生徒がカモケンメンバー、地域住民、行政職員らと共にそれぞれ作業を行った。

① 昔の魚とりコース
　加茂湖の漁業者が過去の加茂湖の環境や伝統的漁法を紹介し、その後、船上からの釣りや湖に入ってのアサリとりを行った。
② 生き物調べコース
　加茂湖・秋津地区の入り江を舞台に、地引網による生き物調査、および田んぼの生き物調査を実施した。
③ 一目入道コース
　加茂湖・潟端地区に伝わる妖怪「一目入道」の伝説から読み取った環境に関するメッセージをもとに、紙芝居を作成した。
④ トキ野生復帰コース
　環境省職員の指導のもとに、トキの巣作りに必要な枝を収集し、その後、天王川周辺の環境を観察した。
⑤ トキビオトープコース

トキの飛来エリアである潟上地区の耕作放棄田において、地域住民と共にビオトープ整備を実施した。
⑥牡蠣養殖コース
　加茂湖の浄水施設、牡蠣殻処理工場において漁業者からの説明を聞き、その後実際に小さな牡蠣棚を作成した。

　加茂湖エコ・ウォークおよびエコ・ワークの活動を通して、佐渡中等教育学校との連携は恒常的なものへと展開している。そのような活動は、それまで加茂湖に関心のなかった子どもらが、地域住民との交流を通じて、地域の産業や環境に関する理解を深める機会となっている。カモケンの環境教育プロジェクトのひとつの目的は、子どもたちが初等、あるいは中等教育の段階で地域活動に参加することによって、佐渡島に対する関心を喚起し、郷土愛を育み、将来の佐渡における環境活動の担い手を育成しようとする点にある。
　また、子どもたちが参加するイベントにおいて、漁業者やその他の地域住民が加茂湖や地域の取り組み・状況について説明する機会は、大人たちが加茂湖での活動に積極的にかかわる契機ともなった。

（4）加茂湖周辺の歴史・文化の掘り起こし

(a) 過去の加茂湖の風景についての談義

　2008年8月29日に開催した「トキ舞う島の風景談義」では、カモケンの会員である両津地区の住民が、江戸時代に描かれた名所図会や詩歌、伝記等を紹介しながら、加茂湖のもつ価値や魅力について語った。その地域住民は、加茂湖の文化や歴史について以前から個人的に調査・研究を行っており、加茂湖をテーマにした芸術作品、文学作品等を数多く所有していた。以下は、談義での講演内容の概略である。
　加茂湖はかつて「越湖（こしのみずうみ）」という名の景勝地であった。現在の両津市街地は、江戸時代には天橋立のような砂州が形成されていた。舟遊

びが盛んで、人びとは加茂湖、あるいは両津湾でとれた魚を舟の上で食べながら、周辺の風景を観賞していた。佐渡奉行・戸田主膳の随員であった加藤亮蔵は、「巡村記」に「江戸にこんな素晴らしいところがあったらなあ、と人びとは賞賛して語った」と記している。また、著名な探検家・松浦武四郎は、1847年に加茂湖を訪れた際、「八幡宮の後ろは越湖だ。岸にヨシや荻が繁茂して風景が素晴らしい」と記録しており、かつての湖岸にヨシ原が広がっていた時代の加茂湖の美しい風景を愛でている。

談義の参加者の意見によれば、加茂湖がかつてはこのような名所であったことは、長年、漁業を営み加茂湖にかかわっている人びとにも認識されていなかった。また、参加者のひとりは、「加茂湖の昔の豊かな風景を伝えていくことは、多様な人びとが加茂湖に興味をもつきっかけとして有効なのではないか」という感想を述べている。

加茂湖の過去の風景や歴史に関するワークショップを通して、地域住民が個人的に蓄積してきた情報・知識が多様な人びとの間で共有され、そのことによって加茂湖周辺地域の活性化に関する活動が展開していった。

(b) 加茂湖に伝わる妖怪伝説の発掘と活用

加茂湖に関する文献を調査するなかで、加茂湖に「一目入道」と呼ばれる妖怪の伝説が伝わることが明らかになった。加茂湖の主とも伝えられるこの妖怪は、著名な漫画家・水木しげるの「妖怪大全[23]」にも収録されている。しかし、その存在は地元住民にほとんど知られていなかった。佐渡の伝承に関するいくつかの文献[24,25,26]を参考に要約すると、一目入道伝説はおおむね次のような内容である。

　　ある日、一目入道が陸に上がると、木につながれた馬を発見した。いたずら心からその馬にまたがり遊んでいると、運悪く馬主に見つかり捕らえられてしまった。そこで一目入道は馬主に次のようなことを言ったという。
　　「お願いですから許してください。見逃していただけるなら毎日、加

茂湖の魚を差し上げることを約束しますから。瑠璃でできたこの釣り針を湖に垂らしておいてくれたら、そこに毎日魚をひっかけておきます。ただし、釣り針だけは必ず湖に返してください。それがないと私は魚をとることができなくなります」

　馬主はこの申し出を受けて、一目入道を解放してあげることにした。それから毎日、約束どおり湖に垂らした瑠璃の釣り針には魚がかかるようになり、馬主は大喜びであった。しかしある時、一目入道との約束をやぶって、瑠璃の釣り針を返さなかった。そうすると一目入道はたちまち怒ってしまい、それから毎年正月に子分を連れて集落を襲うようになったという。

　一目入道のたたりを恐れた集落の人びとは、瑠璃の釣り針を眉間に埋め込んだ観音像をつくった。またその観音像を祀ったお堂が、加茂湖の潟端集落に残っている。

　潟端集落では、かつて一目入道が襲ってくるといわれている正月に、「目ひとつ行事」という行事を行っていた。この行事では、集落の男性たちが一晩中観音堂にこもって、戸や壁を叩いて大きな音を出したり、大声を出したりする。その理由は、襲ってくる一目入道の一味を追い払うためだという。観音堂の扉には、目ひとつ行事の時に一目入道がお堂の中を覗くといわれている穴が開いている。しかしこの行事は、数十年前にすでに途絶えてしまった。代々、この目ひとつ行事の総代を務めてきた家系の地域住民によれば、今では行事内容の詳細は不明とのことであった。

　カモケンは、この妖怪伝説を地域活性化や観光の方策、あるいは環境教育活動に活用していくために、「潟端妖怪談義」を開催した。談義に参加した高齢者の話では、1930年代から40年代には、子どもたちが加茂湖で遅くまで遊んでいると、地域の大人たちから「一目入道に足を引っ張られる」と注意を受け、帰宅することを促されたという。

　このような地域の伝承は、人びとが加茂湖について関心を抱く大きなきっかけとなる。特に前述した佐渡中等教育学校との環境教育活動のなかでこの

伝承を紹介したところ、多くの子どもたちが興味を示した。その後、加茂湖地域の小学生・中学生と共に、一目入道を主人公にした紙芝居づくりプロジェクトを立ち上げ、加茂湖の環境やカモケンの活動のPRを展開した。

(5)「加茂湖憲章」の策定

　加茂湖をコモンズとして捉え、さらに多様な人びとがかかわりながら環境再生に取り組んでいくという視点は、カモケンの多様な活動を通して人びとの間で徐々に共有されていった。その大きな節目となったのが、2012年3月24日に開催した「加茂湖憲章談義」である。この談義は、カモケンと「ローカル・コモンズ再生研究所(通称：コモンズ研)」との共催によって行われた。

　コモンズ研は、科学技術振興機構・社会技術研究開発センター (JST・RISTEX)による「地域に根ざした脱温暖化・環境共生社会」領域プログラムの「地域共同管理空間(ローカル・コモンズ)の包括的再生の技術開発とその理論化」プロジェクト(通称：コモンズ再生プロジェクト)のなかで設立された研究組織である。2010年4月に設立を宣言し、コモンズ再生プロジェクトを展開する東京工業大学、九州大学、兵庫県立大学の研究者で構成されている。加茂湖水系の再生にむけた活動においては、カモケンが地域住民を中心として実践活動を展開し、大学の研究者のみで構成されるコモンズ研がその経緯を学術的な視点から理論化するというしくみになっている。

　カモケンとコモンズ研は、「加茂湖憲章談義」を、カモケン設立以降の多様な活動を総括し、管理者である佐渡市へ政策提言を行うための重要な談義として位置付けた。談義では、漁業者やその他の地域住民、佐渡市・新潟県・環境省の行政関係者、研究者らが話し合い、意見を交換しながら、加茂湖を再生・利用していくための憲章の文言を検討していった。全会一致に至った加茂湖憲章の内容は以下のとおりである。

　①わたしたちは、佐渡島の加茂湖をみんなの財産として、その恵みに感謝し、大切に守り育てます。加茂湖に楽しく集い、協力しながら、昔のよ

うに豊かな葦原が広がる加茂湖の再生を実現します。
②加茂湖水系は、太古の昔から形成された自然と歴史・文化の履歴をもっています。わたしたちは、トキをはじめとする野鳥の楽園としての、また、カキや希少な動植物のゆりかごとしての加茂湖だけでなく、河川、水路や水田、丘陵、水源地域の森林など、加茂湖水系特有の生態系や風土について詳しく調べ、その結果を広く共有し、また理解を深めます。
③加茂湖は、漁業資源や観光資源などを含む多様な価値をもっています。わたしたちは、これらの価値を認識し、その調和ある利活用をめざします。
④加茂湖に注ぐ河川、農業用排水、生活排水、地下水流および両津湾からの海水の流入による水と物質の循環について配慮しながら、加茂湖水系の健全性を高めます。
⑤わたしたち、市民、漁業者、企業家、専門家、行政担当者は、それぞれの立場から、加茂湖にかかわる活動の方法を工夫、改善します。加茂湖の再生は、できることから実行し、効果を確認しながら、水系全体へと広げていきます。
⑥子どもたちから高齢者にいたるまで、各世代をつなぎ、将来世代も加茂湖の恵みを受けられるように、再生を進めます。
⑦地域だけでなく、国内外や地球全体への視点も踏まえ、生物多様性と地球温暖化の課題にも目を向けます。
⑧具体的な再生を推進するとともに保全のためのルール・マナーづくりも一体的に進めます。

　この憲章には、本章で述べたようなカモケンが地域のニーズに即しながら行ってきた多様な活動の成果が含まれている。たとえば、地域づくりに関しては、第3項に「漁業資源や観光資源などを含む多様な価値」をもっていることを明記している。また環境教育的視点は、将来世代について言及する第6項に含まれている。さらに、第2項は、加茂湖の歴史・文化や多様な生き物の生息環境について、人びとの間で広く共有していくことを宣言している。

加茂湖憲章の策定が重要な意味をもつのは、この憲章が加茂湖での活動にかかわった一般市民、行政関係、企業、および研究者・専門家等の多様な関係者が談義しながらつくりあげたという点である。すなわち、ある特定の機関や人が、一元的な論理によってトップダウンでルールを定めようとするのではなく、コモンズとしての加茂湖にかかわる人びとの多様な視点を尊重し、人びとが自らその再生や維持管理に向けたルールをつくろうとする試みである。この加茂湖憲章の理念を具体的に実現していくためのひとつの道筋としてカモケンとコモンズ研は、加茂湖の管理者である佐渡市に対し、この憲章の精神に則り、加茂湖再生に向けた「加茂湖再生計画」を策定することについて政策提言を行い、佐渡市長はこれを受理した。

第3節　コモンズを担う地域主体の形成

(1) 地域のニーズに即した多様な活動展開の意味

前節では、コモンズとしての加茂湖の再生を目指すカモケンの活動内容に

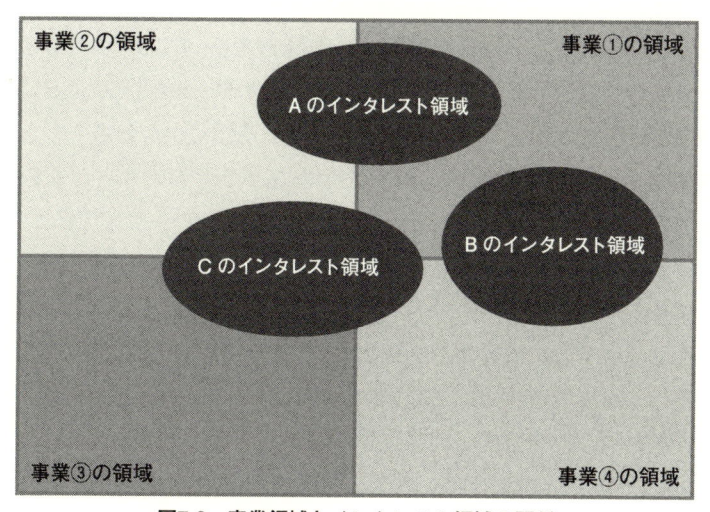

図7-2　事業領域とインタレスト領域の関係

ついて詳細に述べた。ではこれらのカモケンによる多岐にわたる活動展開を、地域に根ざした自然再生プロセスの構築という観点から考えた場合、どのような意味をもつだろうか。

これまでにも述べてきたように、カモケンの設立および加茂湖再生に向けた活動は、天王川自然再生事業での漁業者の声がきっかけとなって展開していった。漁業者らの最も大きな関心は、安定して漁業を営むことができる環境の実現であった。一方でカモケンの活動を展開するなかで明らかになったのは、環境問題以外のトピックに関する地域の様々なニーズが存在するということであった。加茂湖を取り巻く人びとのインタレストやニーズは多様であり、それらがある活動や事業の領域のなかに収まっているとは限らない。

そこで図7-2のようなモデル図を示す。外側の四角いフレームは、ある事業や活動の取り扱い領域などの枠組みを表している。たとえば、加茂湖の自然再生をこの図の「事業①」とした場合、加茂湖にそそぐ天王川の再生事業は「事業②」、加茂湖を活用した観光振興に関する活動は「事業④」、というようにあてはめることができる。事業・活動枠組みのフレーム内にある楕円は、ある主体のインタレストの及ぶ領域を表している。加茂湖の例でいえば、「主体A」を加茂湖の漁業者とすると、インタレストは「事業②」の天王川再生事業に及んでいる。また、加茂湖周辺の旅館経営者を「主体B」とすると、観光資源としての加茂湖環境の問題（事業①）と観光振興（事業④）の双方に関心がまたがっている。カモケンの活動はいわば、加茂湖にかかわる人びとのインタレストをひとつの事業領域内のみで切り取って考えようとしたのではなく、他の事業領域へと積極的に新たな活動を展開していったことによって、人びとの多様なインタレストを包含する形で、地域の課題に取り組んでいったのである。

ある活動や事業の領域設定が生み出す弊害について、福井恒明は河川整備事業を例に、河川管理者は河川区域内しかコントロールできないという前提があり、その場合、区域内で何ができるかということに可能性を限定してしまう傾向にあると指摘する[27]。さらに福井は、これまでの多くの良好な事業は、結果として事業範囲を超えて周辺住民の生活の質を向上させ、地域を

活性化させる波及効果を与えてきたと述べている。このようなことをふまえてカモケンは、ヨシ原再生実験、希少動植物の保全・保護、景観づくり、少子高齢化対策、廃校舎の利活用、環境教育、歴史・文化の掘り起こしといった多様な活動を展開した。

　カモケン設立以前に、これらの取り組みが佐渡島で全く行われていなかったわけではない。たとえば、佐渡市建設課は、景観条例を策定する際に、地域の意見を聞くためのワークショップを開催していた。また、医療福祉の問題に関しても、佐渡市が2008年3月に「佐渡市地域福祉計画[28]」を策定するなどして積極的に取り組んでいる。このように、地域のニーズに対して、行政機関単位、あるいは部署単位での個別的な取り組みは実践されていた。カモケンは、そのように別々に考えられ、また実践されてきた取り組みを、互いに関連付けながら加茂湖水系の自然環境および社会環境を包括的に再生していくことを目指した。

　地域住民やその他の関係者の多様なニーズやインタレストに応じた活動展開のなかで、カモケンの設立にかかわった研究者や漁業者以外の地域住民も積極的に活動にかかわるようになった。第6章で述べたように、カモケンの理事には2012年3月の時点で、加茂湖の漁業者、プロの潜水士、地元の建設業者、宿泊施設のオーナーといった多様な立場・職業の人びとが就いている。またその他に、本章で述べたネジリカワツルモを調査する地元住民、新潟県水産実験所の職員、新潟大学臨海実験所の大学院生、佐渡金井地区の農業者といった人びとがコアメンバーとしてカモケンの活動の企画・運営に主体的に携わっている。加茂湖の環境再生と水産業の活性化を望む漁業者の声をきっかけとして誕生したカモケンは、具体的な活動を展開するなかで多様な目的を展開し、それと同時に加茂湖の新たな価値や機能が見出され、またそのような価値が活動の参加者の間で共有されていった。ひとつの指標として、カモケンの会員は設立年の2008年10月の19名から2012年までの間に60名へとのぼった。また、約4年間の活動をとおして、新潟県立佐渡中等教育学校、加茂湖漁協との恒常的な連携体制を構築し、またその他の地域NPOとの共同作業を行うなど、カモケンの会員数の増加以外からも、加

茂湖の環境に無関心であった人びとが多くかかわるようになったことがわかる。

カモケンの多様な活動は、佐渡市や新潟県、環境省といった行政機関からも評価された。その結果のひとつとして、2010年秋には、佐渡市と新潟県が共同で設立した「加茂湖環境対策検討協議会」に、佐渡市の依頼を受けて市民組織の代表として参加することとなった。このことが意味するのは、カモケンが加茂湖の環境を考える上での重要な市民組織へと成長し、さらに活動の正当性が公的に承認・認知されたということである。

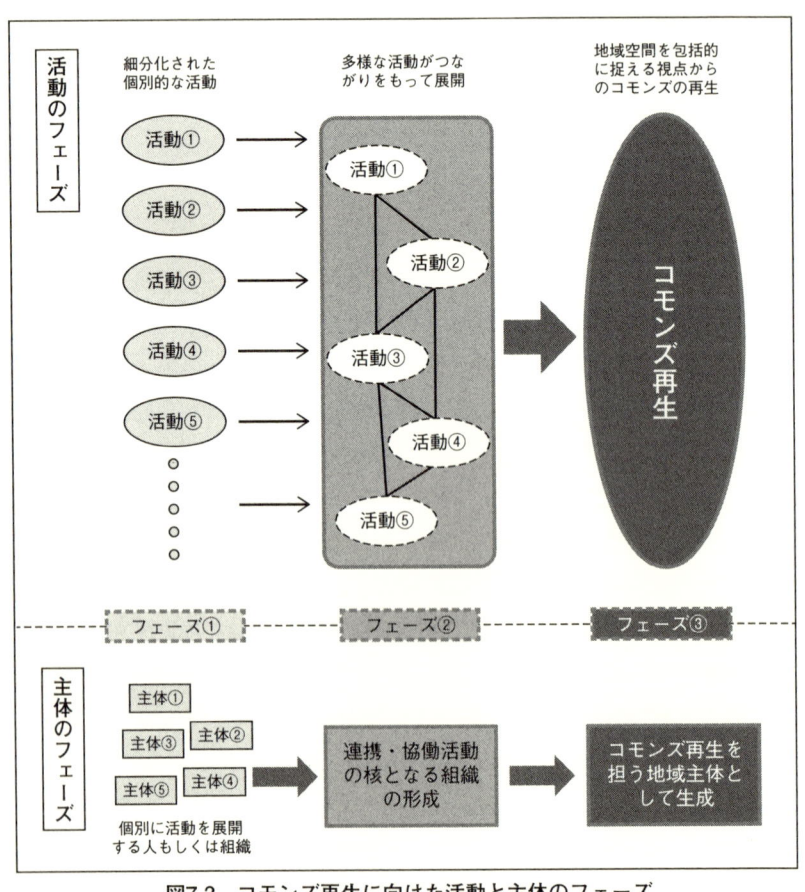

図7-3 コモンズ再生に向けた活動と主体のフェーズ

（2）コモンズ再生に向けた活動と主体のフェーズ

　加茂湖における実践を基礎として、図7-3のようにコモンズ再生に向けた多様な活動の意味とそれらの活動を担う主体についてモデル化を行った。フェーズ①は、行政的区分によって細分化された事業や活動、あるいはひとつのトピックにもとづいた活動が、それぞれの目的・内容に応じた別々の主体によって個別的に実施されている状態を表す。たとえば、佐渡市の環境課による湖岸の自然再生、地域住民のグループによる海草の生態調査、宿泊施設の経営者による観光振興などの活動が、互いに連携することなくそれぞれ個別的に実施されているような状態である。

　細分化された個別的な活動が、核となる協働組織の形成によって相互に関連をもちながら展開されている状態がフェーズ②である。ここでの協働組織とは、たとえば行政による協議会のような機関、あるいはカモケンのような地域組織など様々な形態が考えられる。

　さらに、個々の活動の枠組みを超えて、多様な人びとが地域空間を包括的に捉える視点を共有し、ある空間や資源を地域による共同管理の対象として、すなわちコモンズとして、その再生・維持管理活動にかかわっている状態がフェーズ③である。本章の第1節で論じたコモンズに関する議論をふまえると、フェーズ③における主体は地域住民をはじめ、その空間や資源に日常的にかかわる人びとを中心に構成されていなければならない。加茂湖の実践事例では、カモケンはフェーズ②の主体として漁業者と研究者を中心に形成され、さらに多様な活動を通して、コモンズとしての加茂湖を再生する重要な地域主体として生成していったと考えることができる。さらにこのフェーズ③の主体は、Ostromが示しているようにコモンズに関するルールやしくみの制定・変更について影響力をもつ必要がある。

　本章では環境の保全再生において「コモンズ」の概念がもつ意義について考察を行った。コモンズとは公的機関が一括して管理するのではなく、地域社

会が共同で管理する自然資源、あるいは空間を意味する。いわば、「公」でも「私」でもない「共」の領域に属する。地域住民が自発的に自然資源や空間にかかわるしくみは、地域に根ざす形で自然再生を実現するうえで重要な示唆を与える。カモケンは、地域の多様なニーズや関心に応じて活動を展開することで、「コモンズとしての加茂湖」を再生するプロセスを構築した。そのなかでは、コモンズとしての加茂湖を適切に再生・管理するためのルールの基礎となる「加茂湖憲章」の策定を含んでいる。また活動を通して、カモケン自体が、漁業者や研究者だけでなく地域の多様な人びとがかかわる地域主体として生成していった。さらに本章では、コモンズとしての加茂湖を再生するための実践活動をもとに、コモンズ再生に向けた活動と主体のフェーズに関するモデルを示した。

■註
1　平松紘：イギリス環境法の基礎研究―コモンズの史的変容とオープンスペースの展開―、敬文堂、1995。
2　Hardin, Garrett: The Tragedy of the Commons, *Science 13*, Vol.162, No.3859, pp.1243-1248, 1968.12.
3　菅豊、三俣学、井上真：グローバル時代のなかのローカル・コモンズ論、in ローカル・コモンズの可能性―自治と環境の新たな関係―（三俣学、菅豊、井上真編著）、ミネルヴァ書房、pp.1-9、2010。
4　宮内泰介：レジティマシーの社会学へ―コモンズにおける承認のしくみ―、in コモンズをささえるしくみ―レジティマシーの環境社会学―（宮内泰介編）、新曜社、pp. 1-32、2006。
5　三俣学、森本早苗、室田武編：コモンズ研究のフロンティア、東京大学出版会、2008。
6　井上は、「所有制度」と「資源」の性質を次のように整理・類型化している。「第一は、非所有（オープンアクセス）制度である。この制度のもとにある資源はだれの財産でもなく、すべての個人や団体によって利用される。第二は、公的所有制度である。資源の所有権は国あるいは地方公共団体にあり、利用・管理も公的機関が行っている。第三は、共的所有制度である。資源は構成員によって共同で利用・管理されている。……第四は、私的所有制度である。個人は社会的に許容される範囲で、他人を排除し、資源を使用・収益・処分する権利を有する。この制度のもとにある資源は、消費の排除性と競合性をもつ私的財にあたる」。
　井上真：自然資源の共同管理制度としてのコモンズ、in コモンズの社会学（井上真、

宮内泰介編)、新曜社、pp.8-9、2001。
7 井上は「限定」という表現をしている。しかし、環境社会学者の宮内泰介が述べるには、ローカル・コモンズにおいて、対象となる自然環境のエリア、そこにかかわる集団、その集団が共有している自然環境の利用についてのルールは、時代背景や社会的状況に応じて変化するものである。それと同時に、人びとのローカル・コモンズへのかかわり方の濃淡も様々である。宮内は、コモンズが重層的なものであるということを、歴史的建造物を現代版のコモンズと捉え、その保存活動を例にあげ、次のように述べている。「まずはそれ(歴史的建造物)を所有している人がいる。そして、それを利用しようとしている市民・NPOがいる。さらに、それに規制をかけようとしている行政がいる。利用しようとしている市民にも濃淡があって、深くかかわろうとしている人やグループがある一方、関心はあるが、特に何かを積極的にするわけでない層、あるいは、いつもその建造物の前を通っていて日常生活のなかにその風景が溶け込んでしまっている人たちがいる。みんなが一様なかかわりをもつということはありえないのである。かかわりや利用には濃淡があり、それらが折り重なっている。さまざまなアクターが、重層的にかかわっている」。したがって、自然資源へのアクセス権を有する人びとが限定されているということはすなわち、完全なアクセスフリーの状態に比べて、「ある程度定まっている状態」として考えるのが妥当である。
宮内泰介：レジティマシーの社会学へ、in コモンズをささえるしくみ(宮内泰介編)、新曜社、pp.15-16、2006。
8 前掲(宮内、2006)、p.8。
9 前掲(三俣ら、2008)、pp.16-19。
10 室田武編著：グローバル時代のローカル・コモンズ、ミネルヴァ書房、pp.28-29、2009。
11 前掲(室田、2009)、pp.27-28。
12 前掲(宮内、2006)、pp.12-15。
13 前掲(宮内、2006)、pp.16-17。
14 中嶋伸恵、田中尚人、秋山孝正：水辺空間を基盤とした地域コミュニティの形成に関する研究、土木学会論文集D、Vol.64、No.2、pp.168-178、2008.4。
15 塚本善弘：「コモンズ」としてのヨシ原生態系活用・保全の論理・展開・課題—北上川河口域をフィールドとして—、アルテスリベラレス(岩手大学人文社会科学部紀要)、第81号、pp.179-202、2007.12。
16 Ostrom, Elinor: *Governing the Commons—The Evolution of Institutions for Collective Action—* Cambridge University Press, pp.88-102, 1990.
17 菊地直樹：蘇るコウノトリ—野生復帰から地域再生へ—、東京大学出版会、2006。
18 豊田光世、山田潤史、桑子敏雄、島谷幸宏：「佐渡めぐり移動談義所」によるトキとの共生に向けた社会環境整備の推進に関する研究、自然環境復元研究、第4

巻、Vol.4、pp.51-60、2008.5。
19　加茂湖八景は、「両津橋の夕照」、「湖鏡庵の晩鐘」、「金北山の慕雪」、「椎崎の帰帆」、「籠米の落雁」、「島崎の晴嵐」、「五月雨山の夜雨」、「米山の秋月」である。設定の時代は不明となっている。
　　榊原映子：日本の八景データ、国立環境研究所研究報告、No.197、pp.106-146、2007。
20　「八景」は中国で4世紀から5世紀にかけて絵画に描かれた「瀟湘八景」が原型であり、その風景評価が14世紀頃に日本に渡り、定着した。
　　青木陽二：八景の伝播と分布、国立環境研究所研究報告、No.197、pp.12-16、2007。
21　第4期佐渡市高齢者保健福祉計画・介護保険事業計画(素案)、第2章「高齢者を取り巻く現状」、佐渡市ホームページ(http://www.city.sado.niigata.jp/index.html)。
22　山田潤史：自然再生事業の社会的合意形成手法に関する研究、平成21年度東京工業大学大学院修士論文、pp.32-51、2009。
23　水木しげる：図説日本妖怪大全、講談社プラスアルファ文庫、1994。
24　小山直嗣：新潟県伝説集―佐渡編―、恒文社、1996。
25　多田克己：幻想世界の住人たちⅣ―日本編―、新紀元社、1990。
26　巌谷小波編：説話大百科事典大語園、第1巻、名著普及会、1978。
27　福井恒明：景観向上効果―公共事業の目的として―、河川、No.756、pp.10-13、2009。
28　佐渡市ホームページ(http://www.city.sado.niigata.jp/index.html)。

第 8 章　市民工事

　ある自然環境を地域が主体となって共同で管理する対象、すなわち「コモンズ」として再生していくためには、行政機関や特定の専門家のみならず、多様な人びとがコモンズの担い手となる契機としての事業プロセスを実現しなければならない。本章ではコモンズ再生の具体的な実践方法としての「市民工事」について論じる。前章までに詳しく論じてきた新潟県佐渡市・加茂湖での活動においては、市民が主体となって自然再生のための工事資金の調達から計画設計案の検討、調査、施工、維持管理、行政的手続きまでを行い、湖岸の自然再生を実現した。本章ではその一連のプロセスを概観しながら、加茂湖での実践手法を「市民工事」という手法として定義し、コモンズ再生のための有効な手法として位置付ける。

第 1 節　法定外公共物としての加茂湖

　新潟県佐渡市の汽水湖である加茂湖では、漁業者を中心として環境再生に対する強いニーズが存在していた。その一方で、公共工事による加茂湖の自然再生は一向に実現していなかった。その背景にある大きな課題は、加茂湖が法律上、河川でも海でもなく、「法定外公共物」として位置付けられていることである。法定外公共物とは、道路法や河川法などの適用または準用を受けない公共物のことをいい、代表的なものでは「里道」や「水路」などがある。
　前述したように、加茂湖に流入する天王川の自然再生事業では漁業者からの加茂湖再生に対する強いニーズが顕在化した。また、話し合いに参加した

地域住民も、加茂湖における環境劣化の危機的状況を認識し、環境再生の推進に賛同した。このことを受けて、天王川再生事業の座談会では、天王川と加茂湖を一体的に捉えながら自然再生を推進するという方向で合意に至った。ここで問題となったのが、加茂湖は河川区域ではなく、「法定外公共物」として佐渡市の管理下にあるため、新潟県が実施する天王川再生事業の枠組みのなかで一体的に再生することは、現状の制度ではきわめて困難であるということであった。

　法定外公共物は、もともと国有財産として財務省の管理下に置かれていたが、平成12年に施行された「地方分権の推進を図るための関係法律の整備等に関する法律(地方分権一括法)」によって、市町村へ譲渡された。加茂湖は、国から佐渡市へと移管されることとなったのである[1]。

　河川や海岸では、管理者は環境の保全に努めることが法的に義務付けられている。河川法の適用対象である一級河川、二級河川、および河川法の準用される準用河川においては、河川管理者は水系ごとに河川整備基本方針と河川整備計画を定め、治水・利水・環境を統合した河川空間を実現しなければならない。また、海岸法の適用される海岸区域においても、「被害から海岸を防護するとともに、海岸環境の整備と保全及び公衆の海岸の適正な利用」を図らなければならず、そのために主務大臣は海岸保全基本方針を、都道府県知事は海岸保全基本計画をそれぞれ定めることが義務付けられている。

　一方で、加茂湖は、河川法や海岸法の適用外にある水辺空間である。したがって、管理者が加茂湖の環境の再生や保全に取り組むことの必要性は法律上で明確に位置づけられていない。漁業者をはじめとする地域住民から環境再生を必要とする声があがっていたものの、法定外公共物としての加茂湖では、自然再生の実現に向けてどのような手続きを経て、またどのような方法を採用するかということが検討すべき重要な事項であった。

　さらにもうひとつの大きな問題は、加茂湖を一括して管理する主体が存在していないということである。行政機関でいえば、佐渡市のなかで加茂湖の管理にかかわっているのは建設課、農林水産課、環境課などである。また佐渡市だけでなく、加茂湖の護岸工事は、新潟県が農地保護事業として実施

し、管理を佐渡市に移管した経緯があるため、護岸の改変および湖岸改修による背後の農地への影響について、新潟県佐渡地域振興局の農林水産振興部とも協議する必要があった。これら多様な行政セクターを包括し、加茂湖を総合的に管理する行政主体は存在しなかった。普通河川やため池などの法定外公共物の多くは、明治の近代化以前の地域社会において自然発生的に形成され、長きにわたり地域の人びとが自由に利用してきたため、管理主体の曖昧さ、あるいは維持管理体制の不十分さが問題として指摘されている[2]。このような状況から、加茂湖の自然再生を公共事業として進めることは難しい状況であった。

第2節 「こごめのいり再生プロジェクト」の実践

(1) カモケンによる自然再生事業のプロセス・デザイン

　加茂湖で重要な課題だったのは、法定外公共物としての制度的位置づけをふまえ、どのようにして総合的な視点から自然再生プロセスを構築するかということであった。そこで、前章で論じたように加茂湖の環境にかかわる重要な地域主体として成長したカモケンは、カモケン内部、および加茂湖漁協、佐渡市、新潟県といった関係機関と協議のうえ、自ら自然再生事業を展開することを決めた。前述したように、法定外公共物としての加茂湖では、環境保全や再生の必要性が法的に位置づけられておらず、従来的な公共事業によって環境再生を進めることは望めなかったからである。

　加茂湖においてカモケンが主体となって自然再生を実施するうえでは、まず工事のための財源を獲得することが必要であった。カモケンは、活動資金を株式会社ブリヂストンと早稲田大学の連携による研究活動助成事業「W-BRIDGE」に応募することで調達した。この助成事業では、資金の用途を研究活動にだけ限定するのではなく、具体的な実践活動にも使用することができる。

　こごめのいり再生では、地域の多様なニーズや声を適切に反映させていく

ために、話し合いの場と具体的な整備作業を相互的に実践することとした。地域住民との話し合いの場は、日常的かつ継続的に加茂湖の環境に接してきた人びとの経験や知識を掘り起こすうえで重要なプロセスである[3]。話し合いを実施するうえでは、カモケンの活動にかかわる人びとだけでなく、関心を抱いていない人、あるいはカモケンの活動に理解を示していない地域住民についても積極的に参加を呼び掛けた。また、河川工学や生態工学の研究者も、専門的立場から再生計画案についてアドバイスを行った。こごめのいり再生では、科学的知見と地域のなかに蓄積された知を融合しながら再生を推進することとした。

話し合いと作業の相互的実践は、加茂湖を取りまく社会環境の複雑性にも貢献する。加茂湖再生においては、「漁業者」という明確なステークホルダーの属性は存在したものの、具体的に誰がどのような関心を抱いているかということは明らかになっていなかった。また、事業が進むにつれて漁業者以外の新たなステークホルダーが現れるかもしれない。特にカモケンは、加茂湖の環境の問題を水系全体の視点から捉えて活動を展開しようとした。このような考えに立った場合、あらかじめステークホルダーを厳密に特定することはきわめて困難である。仮にそれらが明確になっていたとしても、事業が進むにつれて新たな関心が喚起されたり、状況に応じて考えや態度が変容したりすることも十分に考えられる。

以上のような理由から、こごめのいりでの活動では、話し合いと現場での作業を相互にフィードバックさせながら再生事業を進める順応的なプロセスをデザインした。また、公共空間で作業をするために必要な行政的諸手続きは、事業の実施主体であるカモケンが、佐渡市や新潟県の職員と協議しながら行った。

(2) 再生実施場所の選定

最初のステップは、再生実施場所の選定である。カモケンは、加茂湖の漁業者や地域住民であるメンバーの意見をもとに、加茂湖の秋津地区にある

「こごめのいり」という入り江を候補地としてあげた(**図8-1**)。「こごめのいり」は、加茂湖のなかでもっとも細長く入り組んだ地形となっているため、水の循環が悪く、また風向きの関係から湖内のゴミなどが多く漂着する場所となっている。あえて加茂湖のなかで条件がよくない場所を選定することで、インパクトのある成果を創出することを目指した。

そこでカモケンはこごめのいりをモデルエリアに設定するという方向性をもって、整備活動を実施する前に地域住民との話し合い(第1回秋津談義)を開催した。談義に参加したある漁業者は、「こごめのいりよりも樹崎と呼ばれ

図8-1　加茂湖・こごめのいりの位置図

る岬の周辺の方が再生工事の実施による効果は大きい。こごめのいりで何をやっても無駄だ」という厳しい意見を述べた。その漁業者が主張したのは、特に水産資源としてのアサリが生息できるような場所を再生するためには樹崎の方が適地であるということである。そこでこの漁業者の発言をふまえて秋津談義の参加者は、後日樹崎およびこごめのいりでフィールドワークを実施し、現地を確認したうえで再生実施箇所を決定することとした。

　フィールドワークには、カモケンメンバー、地域住民だけでなく、水辺の生態環境について研究する学識経験者も加わった。その学識経験者らは、現地で湖底の環境を調査し、その結果、樹崎は現時点でアサリの生息に状況に関して比較的良好な環境が形成されていることを確認した。

　こごめのいりにおいても樹崎と同様に湖底の状態を調査した。その結果、こごめのいりの湖底はヘドロ質になっており、人が足を踏み入れることは現状では困難な状態だということを確認した。また、アサリなどの貝類はほとんど確認されなかった。

　現地での調査や話し合いをふまえてフィールドワークの参加者は、樹崎は現状のままでもアサリなどの生物にとって良好な環境であるため、あえて再生事業を展開する必要はないという認識を共有した。一方でこごめのいりは、現状ではアサリなどの貝類をほとんどみることができず、また湖底質の条件から人が近寄ることもできない環境であった。話し合いに参加した人びとは、加茂湖のなかでもっとも厳しい条件のこごめのいりで自然再生を実現することで、加茂湖全域の再生に向けた大きなステップにするという案で合意に至った。この案には、こごめのいりを候補地にすることに厳しい意見を述べた漁業者も賛同した。一連の話し合いとフィールドワークを通して、参加者はこごめのいりを多様な人びとが集い、かつ加茂湖の環境とふれあえるような親水空間とする目標を共有した。このように再生の実施個所と目標を定めるうえでも、関係者が共に現地を確認し、議論するプロセスを重視した。

（3）再生計画案の検討

　第1回秋津談義とフィールドワークを通して関係者が共有した目標をもとに、カモケンはこごめのいりの具体的な整備プランの大きな柱を定めた。それは、①人びとが加茂湖にアプローチできるような浅瀬を形成すること、②加茂湖の環境改善に寄与しうるヨシ原を再生すること、③加茂湖の特産品であるアサリの生息場を再生すること、の3点である。

　まず1点目の浅瀬形成の大きな目的は、加茂湖における親水空間を創出することである。加茂湖の湖岸はほとんどが直立の矢板によって護岸されているため、人びとが加茂湖の水のなかに容易にアプローチできるような環境は皆無であった。カモケンは、こごめのいりに浅瀬を形成し親水空間を創出することが、地域の人びとと加茂湖の関係を再構築するためのひとつのきっかけとなると考えた。

　談義で話し合いを重ねるなかで、こごめのいりには山側から常に土砂が流入していることが明らかになった。地域住民の話によれば、その背景にあるのは佐渡空港の建設であるという。こごめのいりの上流側に空港が建設されたことによって、むき出しになった山の表土が大雨の際にはぎ取られ、水路や道路をたどってこごめのいりに流入する。そこでカモケンは、こごめのいりの環境特性を活かして、山側から流入する土砂を含んだ水が、こごめのいり内をスムーズに流れることによって、沖の方へ自然に浅瀬が広がっていくような構造を目指した。具体的には、こごめのいりに流入する水門の前面に水路を掘削し、湖内に勢いよく水が流れ込む構造を計画した。

　また掘削した水路は長時間山側からの流水にさらされることによって、浸食され崩れてしまう可能性があった。秋津談義に参加した漁業者は、侵食対策として竹で「しがら」を編んで水路を保護することを提案した。漁業者の提案では、竹で編んだしがらには護岸を目的とするだけでなく、隙間にエビや小魚が生息する場所としての機能も期待できるということである。そこで、この漁業者の提案を再生プランのなかに組み込んだ。

　次に2点目のヨシ原再生については、天王川自然再生事業での話し合い、

およびカモケンが加茂湖での活動を展開するなかで出てきた漁業者や加茂湖周辺の住民のニーズを反映させた案となっている。こごめのいりでヨシ原を再生するにあたっては、まずヨシが生育するための基盤を整備する必要があった。そこで、加茂湖で発生したカキ殻を投入し、その上にこごめのいり内に堆積している土砂を敷きならす方法を採用した。カキ殻は、カモケンと加茂湖漁協との交渉のうえで、漁協が無償で提供することとなった。またヨシについては、近くの耕作放棄田に繁茂しているものを移植することとした。

最後の3点目のアサリ場再生を計画案のなかに組み込んだのは、子どもたちを含む地域住民に加茂湖の水産資源を身近に感じてほしいという漁業者の願いからであった。漁業者らは、1点目の「親水空間を整備する」という考えに加えて、住民たちが加茂湖の環境に直接触れ、そこで獲れる魚介類を食べることで、加茂湖の漁業について関心を抱くきっかけを創出したいと考えていた。談義に参加した漁業者の話では、昔はこごめのいりでもアサリなどがよく獲れたという。しかし、現状調査を行ったところほとんど確認できなかった。そこで、粉砕したカキ殻と湖底の土を混ぜる工法によって湖底土に適度な空隙をつくり、アサリの生息に適した環境を形成することを目指した。

(4) 整備作業の実施

カモケンは、再生計画案を作成した段階で、佐渡市建設課に公共物使用許可を申請し、整備作業に着手した。整備作業は、2010年12月から2011年11月の間で合計4回実施している (図8-2)。また土木作業の他に生物調査、ゴミ拾い、ヨシの刈り取りなどの作業も実施した。

整備作業を実施するにあたってまず重要なのは生物調査である。順応的な自然再生プロセスでは、環境を改変した場合の影響や効果を確認することが不可欠の作業である。こごめのいり再生では、整備作業実施前から定期的に生物調査を実施し、環境の変化を観察している。種の同定等の作業について

表8-1 こごめのいり再生の作業内容

目的 実施作業	実施日	具体的な作業内容	使用機械
① 浅瀬形成			
①-1 水路掘削	2011年 2月17日〜20日 2011年 11月19日	こごめのいりへと流入する山側からの水の流入口前面に水路を掘削し流れをスムーズにすることで、山側から供給される土砂によって自然に浅瀬が形成される構造をつくる。	バックホウ
①-2 しがら護岸	2011年 2月17日〜20日	掘削した水路が崩落しないように、竹を編んだ「しがら」によって護岸を施す。しがらに用いる竹材は、加茂湖周辺の竹林から切り出したものを用いる。	バックホウ ダンプトラック
①-3 堆積土砂移動	2011年 2月17日〜20日	水路掘削によって生じた残土、およびこごめのいり内にすでに堆積している土砂を沖側に移動させることで、浅瀬を造成する。作業はバックホウや人力によって行う。	バックホウ
② ヨシ原再生			
②-1 カキ殻投入	2010年 12月20日 2011年 2月17日〜20日	ヨシ原を再生する箇所の基盤材として、粉砕されていないカキ殻を用いる。加茂湖で発生したカキ殻を運搬・投入し、バックホウや人力によって敷きならす。カキ殻は加茂湖漁協から提供を受けた。	バックホウ ダンプトラック タイヤショベル
②-2 表土運搬・敷きならし	2011年 2月17日〜20日 2011年 11月19日	基盤材として投入したカキ殻の上に、ヨシを植え付けるための表土を敷ならす。土はこごめのいり内に堆積した土砂、および水路掘削によって発生した残土を用いる。	バックホウ ダンプトラック
②-3 ヨシ移植	2011年 2月17日〜20日 2011年 5月1日〜2日	加茂湖内および湖岸沿いの農地に繁茂しているヨシをこごめのいり内に移植する。ヨシは採取場所から表土ごとダンプトラックで運搬し、整備したヨシ原の基盤箇所に植え付ける。	ダンプトラック
③ アサリ生息場再生			
③-1 粉砕カキ殻投入	2011年 2月17日〜20日 2011年 5月1日〜2日	ヘドロ質の湖底環境を改善し、アサリの生息する環境を再生するために、粉砕したカキ殻を投入する。カキ殻は、加茂湖漁協から提供を受けた。	バックホウ ダンプトラック タイヤショベル
③-2 カキ殻・湖底土撹拌	2011年 5月1日〜2日	投入した粉砕カキ殻を湖底の土と撹拌するために、コンプレッサーを用いてエアを送り込む。	エアコンプレッサー

は、環境系専門学校の非常勤講師、新潟大学臨海実験所の大学院生、新潟県水産庁舎の職員といった生物に関する専門知識をもったカモケンメンバーが中心に行った。

調査には、カモケンメンバーだけでなく、地域の子どもや学生にも参加を呼びかけた。生物に関する学習とともに、加茂湖の環境に実際に触れる機会を創出するためである。また、加茂湖や佐渡の将来を担う世代を育成するといった側面もある。

実際に、「佐渡伝統文化と環境福祉の専門学校」の環境マネジメント学科の学生、新潟県立佐渡中等教育学校の科学部の生徒、佐渡市立後山小学校の生徒が調査に参加した。また専門学校生は、調査後の分析やデータ整理も行った。

土木作業にあたっては、現地の測量や工程管理、施工手順の作成などの施工管理業務は、土木や造園の技術をもったカモケンメンバーが行った。また、水路掘削やカキ殻敷きならしの作業ではバックホウ等の建設機械を使う必要があったため、オペレータなどの専門的技能をもった人びとの参加が不可欠であった。そこで、地元住民のカモケンメンバーを介して、作業に必要な機械や燃料等についての費用をカモケンが負担することで地元の建設業者に協力を依頼した。

こごめのいり再生で実施した整備作業の内容を表8-1に示す。第1回目の整備作業は2010年12月20日に実施した。作業内容はヨシ場再生のための「カキ殻投入」である。加茂湖漁協から提供を受けたカキ殻を、ヨシ植え付けの予定個所に投入した。作業にはカモケンメンバーの他に加茂湖漁協の組合員が参加した。

第2回目の作業は2011年2月17日から20日の4日間にかけて実施した。作業内容は、水路掘削、カキ殻投入、およびヨシ場造成である。こごめのいり再生計画のなかで最も大規模な工事となった。水路掘削およびカキ殻の投入の作業については、重機を用いて建設業者が担当し、地域住民等のその他の参加者は、ヨシ場造成のためのヨシの移植および移植地の下地整正作業を行った。また、水路護岸のための「しがら」に関しては、しがら設置を提案し

た漁業者が自宅の敷地内の竹を提供することを申し出たため、竹林から切り出しを行い、さらにそれを現場で加工して用いた。作業には4日間で47人が参加した。

　第3回目の整備作業は、2011年5月1日から2日までの2日間で実施した。作業の主な目的は、湖底質改善のために粉砕したカキ殻と湖底の土とを撹拌することである。この作業においても特殊な機械が必要となるため、地元の潜水業者および建設会社がボランティアとして作業に加わった。

　第4回目は、2011年11月19日に実施した。作業内容は水路内に堆積した土砂の撤去である。第3回の整備作業実施後、大雨によって山からの土砂が大量に流入し水路を埋め立てていた。そこで、堆積した土砂を撤去し、さらにその土を運搬しヨシ場の基礎部分に敷きならした。これらの作業は、整備というよりはむしろメンテナンスとしての意味合いが強い。この工事には、大人だけでなく加茂湖近くの新潟県立佐渡中等教育学校の生徒たちも参加した。

(5) こごめのいり再生プロジェクトの成果

　こごめのいり再生プロジェクトの成果としては主に、具体的な湖岸再生を実現したこと、および加茂湖の環境の保全・再生にかかわる人びとの主体性が向上したことの2つをあげることができる。

　再生プロジェクトの実践によって、こごめのいりのヨシ原は徐々に拡大している（図8-3）。また山側からの砂が効果的に流れることで浅瀬が形成され、工事前はヘドロ質で足を踏み入れることが困難であった環境が大幅に改善された。このように市民工事の成果として、法定外公共物としての加茂湖において具体的な自然再生を実現したことは最も大きな意味をもつと言える。また、こごめのいりでの実践をひとつの前例として、公共事業による加茂湖全域における湖岸再生へと展開していく可能性も期待できる。実際に、佐渡市長が視察に訪れるなど、行政機関もこごめのいりでの取り組みに注目している。

　こごめのいり再生の実践は、物理的環境の改善だけでなく、地域の人びと

192　第Ⅲ部　市民主体の自然再生事業における合意形成マネジメント

と加茂湖とのかかわり方についても変化をもたらした。ひとつは、漁業者の積極的な参加である。こごめのいりのある秋津地区の漁業者らは、再生したヨシ原の維持管理作業に参加するようになった。またある漁業者は、再生し

図8-2　こごめのいりでの整備作業の様子

たこごめのいりのヨシを活用して、自らが所有する機械を用いて炭づくりを試みた。このようにこごめのいり再生のプロセスは、漁業者が生業としての漁業以外の場面においても、加茂湖の環境にかかわる契機となったのである。

さらに、生物調査に参加した子どもたちは、その体験をまとめ、佐渡市やカモケンの主催するイベント、あるいは学校での行事などで報告した。こごめのいり再生の実施に伴う生物調査に地域の子どもや学生が参加したことで、加茂湖は環境教育の場としての重要な役割をもつに至ったのである。

その他にも、建設業者、主婦、新潟県・佐渡市・環境省の行政職員、島外の学生、地元NPOなど多くの人びとが参加したことは、加茂湖を多様な人びとがかかわる場として捉え、かつ再生していくうえできわめて重要な意味をもつ。

以上のような成果は、ニーズがありながらも環境再生が展開されていなかったこと、また漁業者以外の地域住民が加茂湖に対してほとんど関心を抱い

図8-3 ヨシ原が再生したこごめのいり

ていなかった状況を振り返れば、大きな成果であると考えられる。

第3節 「市民工事」の概念

前節までに述べてきたように、市民組織としてのカモケンが実施主体となり、資金調達から整備工事までを地域住民が自ら実施することで、公共事業の展開が難しかった法定外公共物としての加茂湖で具体的な自然再生を実現した。そこで本節では、カモケンがこごめのいりで実践した手法を「市民工事」という概念で表現し、自然再生プロセスにおけるその意義について論じる。

（1）「市民工事」に含まれる要素

本書では、カモケンがこごめのいりで実施した自然再生手法を「市民工事」という概念で表現する。この「市民工事」という言葉は、大阪府の寝屋川再生活動で用いられた用語である。淀川管内河川レンジャーの上田豪は寝屋川で実施された市民工事を、地域住民や地域の子どもたち等が参画し、様々な専門的知識や技能を駆使して実施する工事手法として報告している[4]。また、市民工事に類似する取り組みとしては、横浜市の実施する「ヨコハマ市民まち普請事業」をあげることができる。寝屋川とあわせてこれらの事業は、行政機関による積極的なサポートを受けているという点が加茂湖との大きな違いである。公的サポートを受けるということは、すでに環境整備を実施することの重要性・必要性が承認されているということである。

一方で加茂湖では、漁業者の強いニーズはあったものの、環境再生の実現に向けて公共機関による積極的なサポートを受けられるような状況にはなかった。そこでカモケンは、市民工事の実施によって加茂湖再生のひとつの前例をつくることで、将来的に加茂湖全域における再生事業の展開へつなげていこうと考えたのである。

カモケンは「市民工事」を、市民が整備作業を行うだけでなく、工事資金の

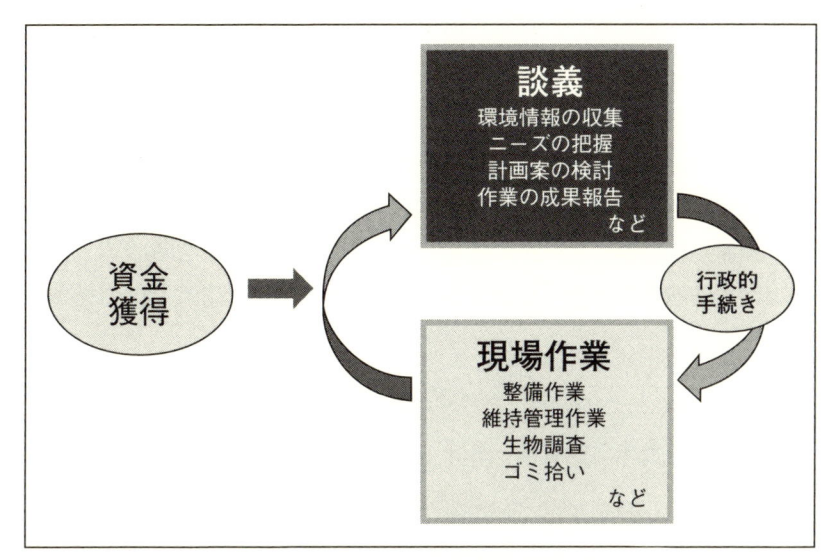

図8-4　こごめのいりにおける市民工事のプロセス

調達から談義を含んだ計画設計案の検討、調査、施工、維持管理、行政的手続きまでを展開する一連のプロセスとして捉えている(図8-4)。したがって、こごめのいり再生プロジェクトにおける市民工事は、寝屋川などの他の事例と比して、さらに自律性の高い空間整備手法となっている。市民工事を資金獲得や談義を含んだ一連の空間整備手法として捉えて実践することで、公共事業を展開することが難しい空間においても、地域が主体となって自然再生を実現することができる。

　市民工事の実施主体として必要な条件のひとつは、公的な信頼を獲得していることである。第7章で詳しく論じたように、カモケンは2008年の設立以降、地域住民・行政関係者・研究者などの多様な人びとと共に加茂湖の環境と佐渡の地域づくりに関する様々な活動を展開した。その結果として、新潟県と佐渡市が運営する環境対策検討協議会の構成メンバーに選ばれるなど、公的な信頼を獲得してきた。このような信頼性は、公共空間において市民工事を実践するうえで不可欠の要件である。

　また、土木事業に関する専門的技術の実践可能性を有していることも重要

な条件である。カモケンの場合、河川工学や生態学の研究者、あるいは建設会社の職員などの専門技術をもった人びとがメンバーであったことが、こごめのいりで市民工事を実現できた理由としてあげられる。すなわちカモケンは、市民組織であると同時に、ひとつのプロフェッショナル集団としても捉えることができるのである。他の事例において市民工事を実践しようとした場合、実施主体内部に専門技術をもった人間が加わっているか、もしくは外部の専門家と適切に連携・協働できるような体制を構築していることが重要な条件となる。

（2）コモンズ再生への貢献

「市民工事」という手法は、加茂湖にかかわる人びとの主体性を高めることに貢献する。つくるプロセスへの参加が、地域が主体となった空間マネジメントへと貢献することについては、たとえば前述した淀川河川レンジャーの上田は、「川やまちに必要なことは自分たちで決め、自分たちの体を動かし、自分たちに都合の良いものをつくる」ことによって、「行政の恩恵を享受する被統治者としての市民から、自分たちで恩恵を生み出そうとする自治の当事者・主役となる市民」が生まれてくると述べている[5]。また海外では、アメリカのランドスケープ・アーキテクトであるRandolph T. Hesterが、市民らが自ら空間整備に携わるプロセスを実践している[6]。Hesterの実践をうけてランドスケープ・アーキテクトの佐々木葉二らは、「つくるプロセスへの参加は、やがて建設後の空間の維持管理や運営にかかわること、すなわちそだてることへの参加へと発展する[7]」と述べている。

こごめのいりで「市民工事」を実施しようとした背景にあるのは、2008年にカモケンが加茂湖漁協と協働で実施した潟端地区におけるヨシ原再生実験（詳しくは第7章の第2節を参照）での反省である。この実験では、ヨシ原再生のための計画案や施工を、学識経験者と加茂湖漁協の組合員が中心に行った。この方法によって短期間でヨシ原を整備できたものの、再生のプロセスに組合員以外の地域住民がかかわることはほとんどなかった。そのため、加

茂湖再生に向けた主体を多様化する契機とはなりえなかった。

　この反省点をふまえて、こごめのいり再生プロジェクトでは「市民工事」という手法を採用することで、多様な人びとがそれぞれのスタンスで、実際の再生工事のプロセスにかかわる機会を創出することに努めた。そのねらいは、ただヨシ原再生を実現するだけでなく、工事のプロセスを通して人びとが加茂湖に主体的にかかわっていく契機とするためでもある。つまり、市民工事の実践は、地域住民が身近な環境のマネジメントに主体的に取り組むための大きなきっかけとなる。このような点において、「市民工事」は、地域の自然環境をコモンズとして再生していくための有効な手法であると考えられる。

（3）使い手とつくり手の「多機能重奏協働モデル」

　こごめのいりで実践した「市民工事」は、空間整備に関する新たな協働のあり方を提示する。市民工事のプロセスについて、空間整備に実際にかかわる技術者と、整備される空間のなかで生活する市民との関係に着目すること

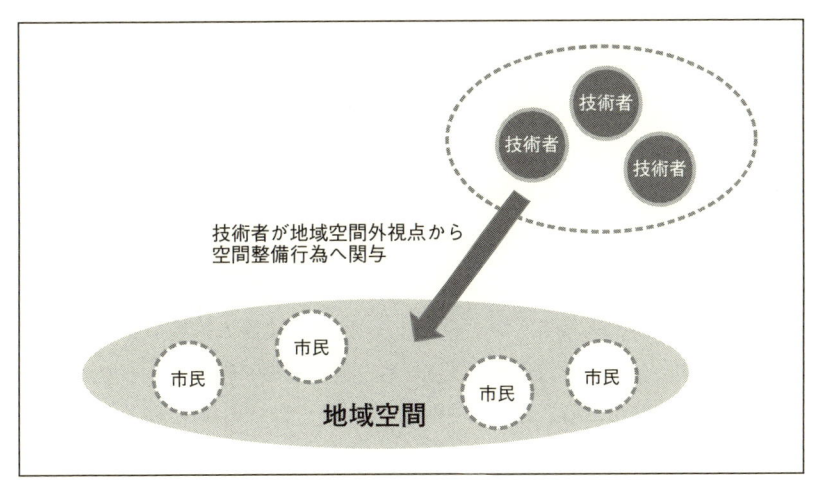

図8-5　従来型の公共事業に見られる市民と技術者の関係

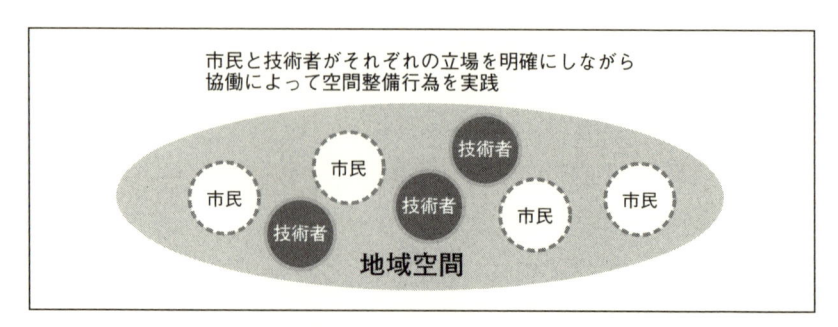

図8-6　参加型事業における市民と技術者の協働モデル

で、図8-5から図8-7に示すような協働のモデルを考えることができる。

　従来の公共事業による空間整備では、設計や施工を行う技術者は、地域空間内におけるアクター、つまり当該地域の生活者としてではなく、地域空間とある一定の距離をもって空間整備行為へ関与する（図8-5）。

　また市民参加型の事業では、生活者と技術者はそれぞれが立場を明確に区別しながら協働し、空間整備を実施する（図8-6）。このモデルでは、技術者はあくまでその立場を崩さず、技術者としての外部的存在、外部からの参入者として地域空間に入り込み、その立場で市民の活動をサポートし、空間整備にかかわる。

　こごめのいり再生プロジェクトにおける空間整備主体としてのカモケンでは、いわば「つくる主体」と「使う主体」の間に明確な区別がない。再生計画の立案から具体的なデザイン、施工まで、そのプロセスに参加する人びとが常につくり手と使い手の両方の視点をもっていた。市民が空間をつくる技術者としての役割を果たし、また空間整備を具体的に行う技術者自身も市民としての立場をもっている。

　景観工学者の中村良夫は、つくり手としての設計者・技術者に求められるのは、「使い手・愉しみ手」の視点をもってその空間の内へと入り込んでいくことだと述べ、そうすることで「内側に立つ者だけに与えられる風景がそこに立ち現れる」という[8]。そのような内的視点から捉えられる風景は、一元的価値基準、あるいは普遍的コンセプトによって意味づけられた空間のあり

方とは異なり、多様な価値を含んでいる。眺める主体が、風景を自由に解釈するための「あそび」をもっており、またその主体の視点によって様々に姿を変貌させるのである。

　空間整備にかかわる技術者が、その空間の内側に視点を置いて、そこから風景を獲得する際に必要な能力が「感性」である。感性は「環境の変動を感知し、それに対応し、また自己のあり方を創造してゆく、価値にかかわる能力[9]」として定義できる。このように捉えることによって感性は、外界の情報を感知する受動的な能力としてだけでなく、経験にもとづいて自己を表現し発信していく能動的な能力となる。つまり感性は、空間整備にかかわる技術者にとっては、いわば、空間のもつ価値や情報を、その空間のなかで身体的に認識し、さらにそれを設計や施工の業務に反映させていくために必要な能力だと言える。そこで市民工事の実践は、市民と技術者の感性が融合した空間整備手法であると考えることができる。

　以上のように考えた時、空間整備の実施主体としての技術者と地域空間内を生きる市民との感性の融合という重要なテーマが明らかになってくる。そこで本書では、こごめのいりでの協働のあり方を図8-7のようなモデル図で示し、「多機能重奏協働モデル」と名付けた。

　「多機能」という語は、たとえば、市民による地域の現状や環境の変化等の情報発信、あるいは技術者による図面作製や現場施工といった自然再生プロセスにおける参加主体の役割を「機能」として捉え、その多様性を表現してい

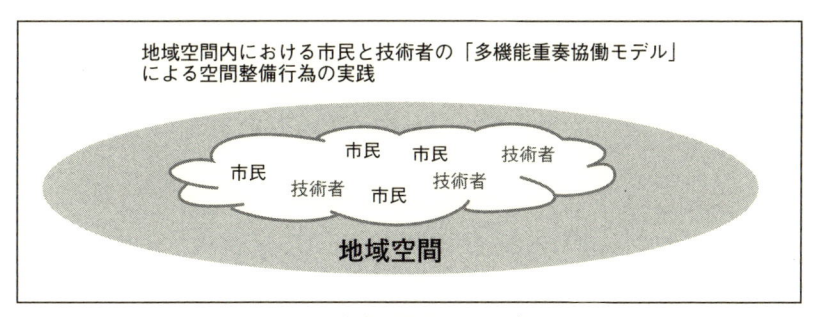

図8-7　多機能重奏協働モデル

る。またそこには、地域住民、漁業者、建設会社、研究者といった多様な立場も存在する。したがってこの「多機能」の語には「多様な立場」という意味合いも含まれる。

　また、「重奏」という語が意味するのは、上述のような自然再生プロセスに参加する主体の多様な役割、また多様な立場について、それぞれを明確に線引きするのではなく、各々の参加主体が相互に理解を深めながら、視点・認識を共有している状態である。また、参加者の意識や認識、あるいはプロセスへのかかわり方は完全に一致しているのではなく、それぞれが濃淡をもちながら重なり合い、かつある一定の方向性を共有していることから、全体の統一性も保持している状態である。このような状態を表現するために、音楽の演奏形態の用語から「重奏」という語を用いた。

　「多機能重奏協働モデル」は、コモンズ再生プロセスにおける技術者の新たな役割と可能性を示す。なぜなら、これまでの土木技術者はあくまで公共事業の枠組みのなかで公共空間整備に携わることが基本だったからである。しかし、こごめのいりでの実践が示すのは、技術者が直接的に地域主体と連携し、地域内の視点をもって自らのもつ技術力を駆使することで、公共事業によって自然再生が困難なエリアにおいても具体的な事業を展開することができるということである。

　また再生した空間では、そこをどのように維持管理し、どのようにして継続的に地域の人びとがかかわっていくかということが課題となることから、多機能重奏協働モデルは自然再生プロセスにおいて特に重要な意味をもつ。計画・設計・施工のプロセスに多様な人びとが継続的に参加することにより、参加者たちがその空間を自分たちの場所として認識する契機となるからである。

　本章では、加茂湖における実践活動を通して、行政的な管理主体が曖昧で、かつ公共事業の展開が困難な空間において、「市民工事」という手法を導入することにより、地域住民が自らの手で自然再生を実現できることを示し

た。本書では、市民工事を単なる施工作業としてではなく、工事資金の調達から計画設計案の検討、調査、施工、維持管理、行政的手続きまでを含んだ一連のプロセスとして捉えた。そうすることで市民工事は、地域の視点にもとづいた環境整備を実現するとともに、コモンズとしての地域の自然環境を再生していくうえで、地域住民の主体性・積極性を高めていくことにも貢献する。

　市民工事の実施主体は、活動実績を伴った公的な信頼性を獲得することが重要である。第7章でその経緯を詳細に論じたように、カモケンは設立以降、多様な人びととの協働のもとに様々な活動を展開した。その結果として、佐渡市や新潟県、環境省といった行政機関や地域住民からの信頼を獲得してきた。このような信頼性は、公共空間において市民工事を実践するうえで不可欠の要件である。

　さらに市民工事は、市民と技術者の間の境界を取り払い、「使い手」と「つくり手」の視点が融合している。そのような空間整備手法は、普遍的な価値基準によって一元化された空間ではなく、ながめる主体の視点によって多様に姿を変えるしなやかな空間の生成に貢献する。すなわち、地域の自然環境を、多様な人びとが共同で維持管理していく「コモンズ」として捉え、それを再生するための重要な手法として位置付けることができる。本章ではさらに、市民工事の実践プロセスをモデル化し、地域空間と市民・技術者の関係性に着目した協働のモデルを3つのタイプに類型化した。特に、こごめのいりでの市民工事の実践モデルを「多機能重奏協働モデル」と名付けた。この「多機能重奏協働モデル」は、「使い手」と「つくり手」の視点と感性が融合した新たな公共空間整備のあり方を示す。

■註
1　この際、公共物としての機能をすでに失っているものについては、国の管理下に置き、境界の確定、あるいは売り払いを行うこととした。機能を失っている場所とはたとえば、かつては水路であったが、すでに水が流れておらず、利水などの公的な役割を果たさなくなっているような場所である。
2　寳金敏明：新訂版　里道・水路・海浜—長挟物の所有と管理—、ぎょうせい、

2003。
3 自然再生事業におけるローカル・ナレッジの重要性については、本書の第1章第4節を参照のこと。
4 上田豪：淀川管内河川レンジャーが担う市民参画・協働の川づくり、平成23年度近畿地方整備局研究発表会論文集、2011。
5 前掲(上田、2011)。
6 Hester, Randolph T.: *Design for Ecological Democracy*, The MIT Press, 2006.
7 佐々木葉二、三谷徹、宮城俊作、登坂誠：ランドスケープの近代―建築・庭園・都市をつなぐデザイン思考―、鹿島出版会、2010。
8 中村良夫：湿地転生の記―風景学の挑戦―、岩波書店、2007。
9 桑子敏雄：感性の哲学、NHKブックス、p.3、2001。

第Ⅳ部

評価枠組みの構築

第9章
自然再生事業における合意形成プロセスの評価

　本書では、第Ⅰ部で論じた自然再生事業における合意形成マネジメントの課題をふまえて、第Ⅱ部では多様なインタレストが存在する状況のなかで共有可能な提案を導出するための考え方を示し、また第Ⅲ部では、地域に根ざした自然再生推進のための考え方と方法について論じた。そこで本章では、合意形成プロセスを適切にマネジメントするため、さらにアカウンタビリティを果たすためのひとつの指標として、合意形成プロセスを評価するための枠組みを構築する。本書で示す合意形成プロセスの評価枠組みは、①評価基準、②評価実施の考え方、および③評価のためのツール、の3点から構成される。各節において、それぞれの具体的内容について論じる。

第1節　評価基準

(1)プロセスに対する評価基準

　具体的に、合意形成プロセスを評価するためには、まずどのような要素が適切な合意形成のポイントとなりうるかということを検討しなければならない。言い換えれば評価の基準が必要となる。Judith E. Innesは、フィールドにおける実践事例をもとに、合意形成プロセスを評価するための基準を示している[1]。Innesによるプロセス評価の基準を要約すると次のようになる。

　①関連する、あるいは異なる関心や利害をもった人びとのそれぞれの代表

者が合意形成プロセスにすべて含まれているか。適切なステークホルダーが招集されていなければ、それは適切な合意形成プロセスであるとは言えない。

②現実的かつ実践的で人びとに共有された目的のもとにプロセスが運営されているか。目的は、多様な視点を含んだ広いものでなければならないが、一方で参加メンバーがその目的に対して具体的に力を費やすことができるものでなければならない。

③参加者自身によってグランドルール、目標、タスク、ワーキンググループ、議題等を決定できるようなしくみになっているか。セルフオーガナイジングによって参加者が合意形成プロセスを自分たちのものとして、当事者意識をもってかかわることができるようにする。

④「市民による討議」という原則をフォローしているか。市民が顔を合わせて話し合い、さらに市民同士がそれぞれのインタレストについて理解を深めることが重要である。また、公式の場だけでなく、休憩時間などのインフォーマルな場でのコミュニケーションも、人びとの間での情報や関心の共有に貢献する。

⑤確かな情報を取り入れているか。人びとが合意形成プロセスで、気付きを得たり、また何かについて学んだりするのは、ある真実や科学的知見、または参加者自身の体験にもとづいていなければならない。複雑性を伴う合意形成プロセスでは、参加者と専門家が協働によって、ある真実を共に追究していく作業も重要な意味をもっている。

⑥参加者がチャレンジングな仮定を述べることを支援しているか。創造的なプロセスは、ステークホルダーの型にはまらない考えを容認する。合意形成の重要な意味は、制度や資源等の制限によって限定された行政担当者等の考えの範疇を超えるような創造的な案が生み出されることである。

⑦参加者が話し合いの場につくことを継続し、関心をもって学んでいるか。参加者がいなければそもそもプロセスは成立しない。様々な工夫、インフォーマルな場での人と人のかかわり、参加者間の協力・協働、建

設的な議論などはすべて、人びとが関心をもって継続的に参加するうえで重要である。
⑧合意形成に向けて、議論を通して問題、あるいは人びとのインタレストを十分踏査し、創造的な解決方法を実践するための努力がなされているか。参加者の知識や関心は、合意形成プロセスを創造的なものにし、さらに外部の条件に適応するうえで重要な要素である。

Innesがあげるこれらのプロセス評価の基準では、特に、ステークホルダーの自由で創造的な発想、発言、あるいは活動を促すことが重要であるとする。さらにそのような創造的な課題解決の実践は、公式の場の話し合いのみならず、非公式な場でのコミュニケーションや参加者が学ぶ機会などを通し、ステークホルダーのインタレストを十分にふまえながら、ステークホルダーが主体性をもって取り組むことが重要である。

表9-1にInnesのよるプロセスの評価基準と、本書のなかで社会実験として論じてきた佐渡島・天王川自然再生事業での実践を比較した。たとえば基準①のステークホルダーの招集については、水辺づくり座談会のプロセス・デザインのなかで十分に検討してきたことはすでに論じた（第2章・第1節および第3章・第2節）。座談会では自由参加の形式をとり、事業に関心のある人びとが誰でも参加できるしくみにしながらも、流域の住民や地権者などには個別に案内をするなどして、事業の重要なステークホルダーを適切に招集した。その結果、地権者や漁業者、また地元の子どもや学生などの多様な人びととともに、天王川再生とその後の維持管理に向けた話し合いを展開した。評価基準③のセルフオーガナイジングについては、座談会で話し合うなかで参加者も含めてグランドルールを決定した。また、それぞれの座談会で話し合う内容については、地域住民の意見と再生計画についての技術的および制度的検討の成果をふまえながら、合意形成マネジメントチームと事業主体である新潟県が決定した。

本書ではInnesが示した評価基準だけでなく、インタレスト分析を行ううえでインタレストが形成されてきた経緯を把握することの重要性を示した。

表9-1　Innesによる評価基準と天王川再生事業での実践の比較（プロセス）

番号	プロセスの評価基準	天王川での実践の評価
①	ステークホルダーの招集	自由参加の場の設定や流域の地権者などへの個別の呼びかけによって、加茂湖の漁業者や中流域の地権者など重要なステークホルダーが話し合いに参加した。
②	目的・目標の設定	事業の当初の目的であった「トキ野生復帰への貢献」だけでなく、話し合いを通して、人びとの生活を含んだ流域全体の豊かな環境再生を実現するという新たな目標を展開していった。
③	セルフオーガナイジング	話し合いのなかで、参加者も含めて座談会のグランドルールを設定した。また参加者の意見に応じて、適宜ワークショップや意見交換会、ヒアリングなどを実施した。一方で、議題やタスク、ワーキンググループなどを参加者自らが設定するまでには至らなかった。
④	市民による討議	座談会では、参加者すべての意見を収集し、さらにそれぞれの意見を参加者間で共有できるように話をマネジメントした。また結果について、ニュースレターを作成・配布することで共有した。他にも、フィールドワークショップの実践を通して、地域住民の間で話し合い、認識を共有する機会を設けた。
⑤	適切な情報の収集・提示	座談会のなかでは、専門のコンサルタントや研究者による調査・研究結果を参加者間で共有しながら話し合いを進めた。また科学的調査の結果が残存しない過去の環境、あるいは環境の時間的変化については、地域住民の声（ローカル・ナレッジ）をふまえながら、情報を収集・共有していった。
⑥	自由な発言	座談会のグランドルールでは、誰でも自由に参加し、発言できることを明記した。また座談会の意見交換では、KJ法を活用する形で、参加者すべての意見を集めた。その結果参加者が「加茂湖の再生」や「技術教育の場としての活用」といった河川再生の枠組みにとらわれない自由な意見を表明した。
⑦	継続的参加	合計10回の座談会においてステークホルダーが継続的に参加した。（各回参加人数については第3章の表3-4参照）
⑧	創造的課題解決への努力	グランドルールのなかで建設的に話し合うことを明記し、またファシリテータは常に提案の形で参加者から意見を聞き出すように努めた。また、事業領域にとらわれることなく、ステークホルダーの関心領域に応じて多様な活動を展開してきた。

吉武が述べるように、インタレストの形成経緯としての「理由の来歴」は、将来的な状況を見越してある決定を行うために重要な意味をもつ[2]。本書の第Ⅱ部で詳細に論じてきたように、合意形成プロセスに参加するステークホルダーのインタレストは、地域の時間的空間的条件のなかで形成されている。本書では、歴史性を伴った具体的な環境のなかで人びとがインタレストを形成することを、風土の問題として捉えた。さらに合意形成マネジメントにおいて重要なのは、ある地域や社会の全体性を表す大局的な風土性ではなく、人びとの周辺的スケールにおいて差異の生じる風土的特性、すなわち「局所的風土性」であることを論じた。
　そこで、インタレスト分析における「局所的風土性」の重要性をふまえて、合意形成のプロセスを評価する基準の重要項目として次の点をあげることができる。

　　　インタレストの形成経緯としての「局所的風土性」を適切に分析・把握したか。多様な意見のなかから合意案を見出していくためには、インタレストの背景にある地域の詳細な時間的空間的条件を分析し、それらを共有したうえで、課題解決のための方策を検討・実施していくことが重要である。

　局所的風土性をふまえてインタレストを分析し、さらに合意形成マネジメントを実践することで、一見すれば雑多で合意が不可能と思われるような多様な意見のなかで、ステークホルダーが共有可能な案を見出すことが可能となる。言い換えれば、局所的風土性にもとづいた合意形成マネジメントとは、ステークホルダーが、地域の自然的条件や歴史的経緯について理解を深め、互いの意見やインタレストの背景を共有したうえで、合意案を模索していくプロセスである。したがって、合意形成のプロセスを評価する際には、「局所的風土性」をふまえて、課題解決の方策を検討・実践しているかということがひとつの重要な評価基準となる。

（2）成果に対する評価基準

　合意形成プロセスを評価するうえでは、プロセスそのものに対する評価のみならず、合意形成の成果についても検討しなければならない。第2章で論じたように、自然再生事業における合意形成とは、既存の意見やインタレストを調整することではない。多様な意見や価値観のなかで、より創造的な提案を模索していく不断の努力のプロセスである。したがって合意形成マネジメントを実践するうえでは、ステークホルダーの意見やインタレストが、学びや気づきを通してどのようにポジティブに変容していくかということに着目しなければならない。すなわち、合意形成の成果としてステークホルダーの姿勢や行動に関するポジティブな変化が生じたかということが、成果の評価基準の重要な着眼点となる。

　前述したInnesは、合意形成の成果についての評価基準を示している[3]。成果に対する評価の基準は以下の14項目である。

①合意形成プロセスは良質な取り決め事項を創出したか。取り決めはすべてのステークホルダーのインタレストに応じていなければならない。また、状況が変化した場合には、取り決めに関しても変更する必要がある。良質な取り決めとは、柔軟かつ順応的なものである。
②行き詰まりを解消したか。もし合意へと至らなければ、人びとは不信や紛争のなかから抜け出せない。適切に合意形成プロセスが終了すれば、人びとはその後も協働や建設的な活動を継続することができる。
③費用と便益の点で他の計画手法よりも好ましかったか。経費支出、参加者の時間、物品、結果を実現するための時間を含んだコストに対して、効果が上回っていなければならない。
④政治的、経済的、社会的観点から実行可能な提案を創出したか。取り決めや提案事項はステークホルダーの関心にもとづいていなければならず、さらに提案事項は、実行可能で、かつある問題を解決するものでなければならない。

⑤活動に向けた創造的なアイディアを生み出したか。革新的なアイディアは、問題解決に貢献し、さらに人びとが学習し成長していくことへつながる。
⑥ステークホルダーは知識や理解を深めたか。合意形成プロセスを終了した時、ステークホルダーは、その事業に関する問題や、他のステークホルダーの視点、関心、状況などについて理解が深まっていなければならない。このような状況は、その後のステークホルダーの姿勢、あるいはステークホルダー同士の協働の実践に深く関係する。
⑦合意形成プロセスは、新たな人間関係、あるいは活動のつながりを生み出し、さらに参加者の間で社会的資本を作り出したか。適切な合意形成プロセスは、プロセス終了後も人びとが継続的に情報を交換したり、協働したり、相互理解を深めることを可能とするような新たな関係性を財産として残す。
⑧人びとが正確に理解し、さらに取り入れることのできるような情報、あるいは分析結果を示しているか。合意形成プロセスでは、事実、予測、モデル、歴史、ある問題の文脈などが示される。協働による事実探求のなかで見出された新たな情報やデータは、人びとが共に学ぶプロセスにおいて重要な意味をもつ。
⑨合意形成プロセスにおける学習の成果や知見は、直接的なステークホルダー以外の多様な人びととも共有できているか。適切な合意形成プロセスでは、話し合いに参加する代表者は、それぞれが代表するグループの人びとと緊密に連絡をとり、さらにステークホルダーの関心を話し合いへと反映させる。それだけでなく、話し合いのなかで生まれた知見やアイディアは、話し合いの場だけでなく、他のコミュニティや組織へと広がっていくことがよい合意形成プロセスである。
⑩取り決め事項の枠組みに限らず、合意形成プロセスをきっかけとして、人びとの行動の変化、当該事業外での協働、新たな実践活動といった二次的な成果が創出されたか。
⑪合意形成の成果は、コミュニティが、ある変化や紛争に対して創造的

に対応することを可能にするような柔軟かつネットワーク化されたしくみ・実践の結果であるか。
⑫公正とみなされる成果をうみだしたか。成果はステークホルダーに対して十分に情報開示されたうえで、公正なものである必要がある。さらにステークホルダー自身も社会的に正しいとみなされていなければならない。したがって、公正な成果というのは、無気力な人びとや恩恵を受けるに値しないような人びとには適用されない。
⑬成果は公益にかなっているとみなされるか。合意形成プロセスの成果は、コミュニティの幸福に寄与するものとして理解されるべきである。

表9-2 Innesによる評価基準と天王川再生事業での実践の比較(成果)

番号	成果の評価基準	天王川での実践の評価
①	良質な取り決め事項	座談会での取り決め事項は、人びとのインタレストや地域のニーズに応じて決定した。また、事業を取りまく状況の変化等によって座談会での取り決め事項を変更する必要性が生じた場合は、座談会でその是非を議論する。
②	行き詰まりの解消	天王川再生事業での合意形成をひとつのきっかけとして、加茂湖の漁業者による行政への不信感が緩和され、また漁業者の積極的な環境保全・再生活動が展開していった。
③	費用対効果	—
④	提案の実行可能性	合意形成の成果としての再生計画案は、技術的検討を加えながら具体的な整備を実施する。また、第1ステージでの合意事項に含まれる加茂湖との一体的な再生については、カモケンの設立と活動展開によってその理念が実現された。
⑤	創造的アイディア	加茂湖と天王川を一体的に捉える視点からの活動が展開していった。また天王川の合意形成をきっかけとして誕生したカモケンの活動は、人びとが主体的かつ積極的に地域環境について学習しながら活動を展開する契機となった。
⑥	知識・理解の深化	天王川の環境や歴史的経緯、あるいはトキの特性といったことについて、合意形成プロセスを通して人びとは理解を深める機会となった。また、天王川のみならず加茂湖の環境や現状を認識し、理解を深める契機となった。
⑦	新たなつながりの構築	事業開始当初はかかわりのなかった専門学校生が天王川にかかわるようになった。また加茂湖の漁業者とその他の地域住民とのつながりも生み出した。

話し合いの場におけるステークホルダーの偏狭な関心に応じることも、公益に貢献しうる。なぜなら、それは紛争を回避し、人びととの創造的な活動につながるからである。
⑭成果は自然環境および社会システムの持続性に貢献したか。適切な合意形成の取り組みは資源を守り、なおかつ経済性を犠牲としない。

Innesによる合意形成の成果の評価基準においても、プロセスのなかでステークホルダーが学び、情報を共有することで、その後の新たな活動展開や人びととの間の関係構築が実現されることが望ましいことを示している。さら

番号	成果の評価基準	天王川での実践の評価
⑧	有用な情報・結果の提示	天王川の環境に関するデータや歴史的経緯、あるいはトキの動向などを参加者間で共有した。
⑨	成果の広い共有	合意形成の大きな成果であるカモケンの活動を通して、広く多様な人びととの間でも、天王川や加茂湖に関わる情報などが共有されていった。
⑩	二次的成果	天王川再生の議論を通して、再生計画案についての合意のみならず、加茂湖水系の包括的再生に向けた地域住民の主体的活動が展開していった。
⑪	コミュニティの創造的対応	座談会のマネジメントのなかでは、地域の多様な人びとが、互いの関心や懸念を共有した。また合意形成の成果は、そのなかで地域住民が提案の形で表明した意見をもとにつくられた。
⑫	公正性・透明性	事業に関する意思決定は、常に開かれた場（座談会）での議論にもとづいて行った。また座談会では事業に関わる調査データや情報を開示するとともに、ニュースレターの配布や新潟県のホームページ上で話し合いの内容についての情報も公開した。
⑬	公益性	合意形成の成果は、トキの餌場としての環境が整備されるだけでなく、地元学生の技術教育の場や地域住民の憩いの場としての水辺空間が実現することへつながる。
⑭	持続可能性への貢献	合意形成の成果は、天王川流域の持続的な環境およびその維持管理に向けたしくみ構築へとつながる。

にそのような成果は、適切な情報やデータ、あるいは情報を協働で掘り起こすプロセスを通して創出されることが重要である。

　表9-2に、Innesによる成果の評価基準と天王川再生事業での実践成果を比較した。評価基準①について、Innesによれば合意形成による良質な取り決め事項とは、ステークホルダーのインタレスト（関心・懸念）に応じたものであると同時に、事業を取りまく状況が変化した場合には、柔軟にその内容を変更できるようなものである。本書のこれまでの議論でもたびたび論じてきたように、天王川再生事業での合意事項は、常に人びとの意見の背後にあるインタレストをふまえながら構築されてきた。また座談会は、天王川自然再生事業の意思決定におけるもっとも重要な場であり、したがって合意事項について変更の必要性が生じた場合にも、座談会でその是非を議論し、具体的な変更内容を決定するしくみとなっている。

　自然再生事業の理念にもとづいて考えれば、自然再生活動は地域に根ざす形で持続的に展開されなければならない。そこで重要となるのが、第Ⅲ部で論じたように、地域住民が身近な自然環境を「コモンズ」として捉える視点である。自然環境をコモンズとして保全・再生・維持管理していくためには、それらの作業を担う「地域主体」をいかにして形成していくかということが重要な課題となる。また、ひとつの事業の時間スパンを越えて、継続的に自然環境をモニタリングし、適切な維持管理を実現するといった意味でも、長くその空間にかかわり続ける地域主体の形成が重要な意味をもつ。言い換えれば、自然再生事業の合意形成では、成果として「地域主体」が形成されたかということが評価の重要な基準となる。そこで、自然再生事業における合意形成の成果に対する評価基準として、次の項目を挙げることができる。

　　　合意形成プロセスを通して「地域主体」が形成されたか。自然環境の再生、また再生後の維持管理は、多様な人びとの協働のもとに、地域に根ざす形で持続的に展開されなければならない。そこで、合意形成プロセスにおける話し合いや協働行為、学習の機会等を通して、市民が自然環境を共同管理するための地域主体が形成されることが重要である。また

合意形成プロセスは、そのような地域主体が自然環境の保全・再生を含んだ地域の包括的再生に向けて、積極的かつ主体的に活動を展開していくための契機でなければならない。

　本書の第Ⅱ部、第Ⅲ部で論じた内容を総合すれば、自然再生事業における合意形成プロセスは、インタレストの時間的空間的要因を掘り起こしながら、その情報を共有し、さらに人びとが地域の自然環境の保全・再生にかかわる活動へ自らを投じていくための契機を含んでいなければならない。人びとが事業主体によってインボルブされ、その事業の枠組みのなかで合意を図るのではなく、時に事業の枠組みを超えながら、地域空間を包括的に捉え、住民が主体的実践を展開していくための契機である。そのような合意形成プロセスは、自然環境の保全再生を含んだコミュニティ・マネジメントを担う「地域主体」を形成するプロセスとして考えることができる。自然再生事業の合意形成では、事業への参加と話し合いをきっかけとして、将来的に地域住民による主体的実践が実現していくことを想定しながらマネジメントしていく必要がある。

　本節で示したいくつかの基準は、合意形成を評価するため、あるいはその達成度をはかる指標として重要な役割を果たす。ただInnesも述べているように、これらはあくまで基礎的な項目であり、すべての合意形成を評価するための基準をみたしているわけではない。さらに適切に合意形成を評価するためには、事業の特性や事業が実施される地域の環境などをふまえて、個別的かつ具体的に評価基準を設定する必要がある。次節では、合意形成マネジメントの評価を実施する際の考え方について論じる。

第2節　評価の実施

（1）PDCAサイクルの適用

　合意形成プロセスを含む自然再生事業はプロジェクトとして捉えられるべきものである。プロジェクトは、成果物だけでなく、取り巻く環境や条件も

独自のものであるため、事前のアセスメントには不確実性が伴う。プロジェクトの推進過程で、目標設定時、あるいは計画策定時に想定しなかった事態がしばしば生じる。本書においてもこれまでに述べてきたように、自然再生事業は、事業の対象とする自然環境の挙動に関する予測の不確実性を含んでいる。プロジェクト・マネジメントにおいては、状況の不確実性・複雑性に対応するために、あらかじめ設定した目標とそれを達成するための計画を、状況の変化に応じて修正・改訂しながら成果物の品質を担保する[4]。その基本にあるのは、PDCAサイクル(図9-1)の考え方である[5]。このサイクルは、計画(Plan)、実行(Do)、点検(Check)、処置(Action)の4つの作業を環状で連続的に回していくことによって、プロジェクトによる成果の品質を向上させていくプロセスである。PDCAサイクルは、もとは生産品の品質管理において提唱された概念[6]であったが、プロジェクト・マネジメントや経営の分野などで広く適用されるようになった[7]。

　プロジェクト・マネジメントの観点からPDCAサイクルの考えを取り入れた事例として、宮崎海岸侵食対策事業をあげることができる。国土交通省は国の直轄事業として、宮崎県において波による侵食の著しい宮崎海岸の侵

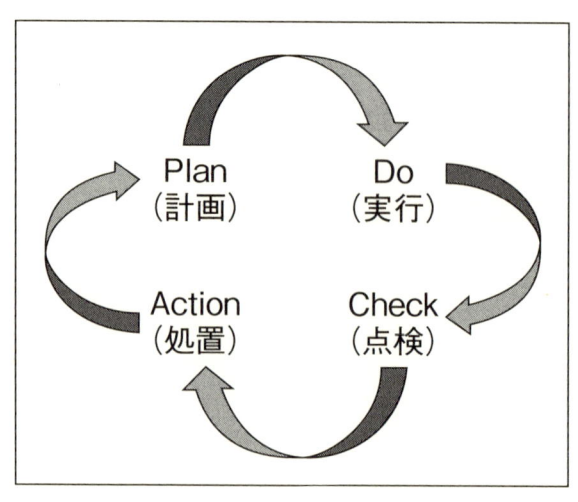

図9-1　PDCAサイクル

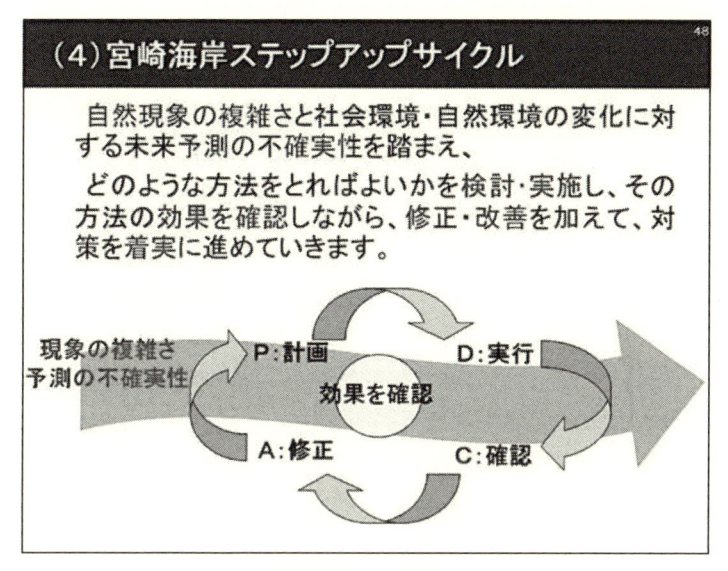

第9章　自然再生事業における合意形成プロセスの評価　217

図9-2　宮崎海岸ステップアップサイクル
(出典：第1回宮崎海岸市民談義所　講義資料)

食対策事業を展開している。この事業では、国交省職員、コンサルタント、学識経験者らがプロジェクトチームを結成し、プロジェクト・マネジメントの観点から、PDCAサイクルを応用した事業マネジメントを展開している[8]。その方法とは、「宮崎海岸ステップアップサイクル[9] (図9-2)」である。ステップアップサイクルは「自然現象の複雑さと社会環境・自然環境の変化に対する未来予測の不確実性をふまえ、どのような方法をとればよいかを検討・実施し、その方法の効果を確認しながら、修正・改善を加えて、対策を着実に進めて」いくことである[10]。

　自然現象を取り扱う事業においては、生態系や環境要素間の関係の複雑さから、事前に環境改変後の状態を確実に予測することは難しい。本書の第2章でも言及したように、自然環境がもつ予測の不確実性を補うひとつの方法が「順応的管理」である。順応的管理は、自然再生推進法において自然再生を行う際の基本として位置づけられている。この方法では、自然再生を実施する際にまず科学的知見にもとづいて仮説を立て、事業を実施する。その後に

モニタリングを行いながら、生態系の反応をみながらその後の対応を決定する。

　宮崎海岸の事例における大きな特徴は、順応的管理の考え方を自然環境だけでなく、社会環境も合わせた予測の不確実性への対応として適用している点である。さらに、整備・モニタリングの関係を1回で完結させるのではなく、事業のなかでPDCAサイクルとして繰り返すことによって、予測不可能な自然的・社会的環境のなかで、常に軌道修正を行いながら活動を展開していく。

　国土交通省は、宮崎海岸の侵食を海岸だけの問題ではなく、流入する河川からの土砂供給、台風に伴う波浪の発生など多様な自然現象が複雑に絡み合った問題と捉えている[11]。海岸の複雑な現象に関連するのは、様々な行政機関間の連携、あるいは地域社会との連携、すなわち合意形成の問題である。宮崎海岸の事業に民官学協働のコーディネーターとして携わる吉武哲信は、合意形成の課題のひとつとして、事業には多様な行政担当部局が関係していることをあげた[12]。宮崎海岸の事業実施主体は、国土交通省の宮崎河川国道事務所である。しかし、整備事業完了後の管理は宮崎県へと移管されるため、重要となるのは事業推進プロセスにおける宮崎県河川課との連携なのである。また、前述したように、海岸の侵食現象をめぐる複雑さから、事業は宮崎県の治水・港湾・漁港・保安林の関連部署や、国土交通省の宮崎港湾・空港整備事務所との連携を必要とした[13]。つまり宮崎海岸の事業における合意形成の課題は、市民と行政の間だけではなく、行政機関間の合意形成にもあったのである。

　上のような状況に対応するための方策がステップアップサイクルである。宮崎海岸ではステップアップサイクルにもとづいて海岸のハード整備を試験的に実施し、その効果を見定め、さらに状況の変化に応じてその都度関係者が話し合いを行いながら、侵食対策を展開している。恒常的に話し合いを行うことの目的は、ハード整備による自然環境の変化への対応のみではない。目的には次の2点、すなわち、①国と地方、行政組織のあり方、行政諸機関間の連携、予算配分のしくみ等の社会状況の変化に応じた事業の推進、およ

び②社会環境の変動に応じた事業推進方法の変化についての市民への適切な説明の実施、を含んでいる[14]。ステップアップサイクルは、自然環境の複雑さへの対応のみならず、行政機関間の合意形成を含んだ社会環境への対応を柔軟に行うための方策として捉えられる。

(2) プロセス評価の基本的スタンス

　PDCAの考え方、および合意形成プロセスを含んだ宮崎海岸における実践事例から導き出されるのは、プロジェクトのもつ個別性、あるいは予測の不確実性に対応するために、評価という行為をプロジェクトの改善サイクルのなかに位置づけることの重要性である。この視点は、自然再生事業の合意形成プロセスを評価する際に重要な方向性を示す。すなわち複雑性を伴う合意形成プロセスの評価では、評価と改善を相互作用的に展開しなければならない[15]。

　自然再生事業における合意形成で求められるのは、一般的な合意形成の基礎的理論にもとづきながらも、事業や地域に特有の諸条件をふまえて、最適な方策を選択していく姿勢である。したがって、評価の基準となる合意形成の理想モデルが確固として存在するわけではなく、プロセスを評価するために必要となる作業は、当該事業においてどのような課題が顕在化し、それにどのような方法をもって解決に取り組んできたのかということを評価プロセスのなかで適切に把握することである。言い換えれば合意形成の評価では、従来的な評価作業のようにあらかじめ明らかになっている基準によって、合意形成プロセスの終了後にその基準に照らし合わせながら評価を実施するのではなく、事業推進のなかで明らかになる諸要素をどのようにして評価基準のなかに組み込んでいくかということが問題となる。

　自然再生事業における合意形成プロセス評価の基本的な考え方を**図9-3**に示す。この考え方は、前節で論じたプロジェクト・マネジメントにおけるPDCAサイクルの視点をベースにしている。

　まず合意形成マネジメントの実施者は、合意形成の基本ステップや話し合

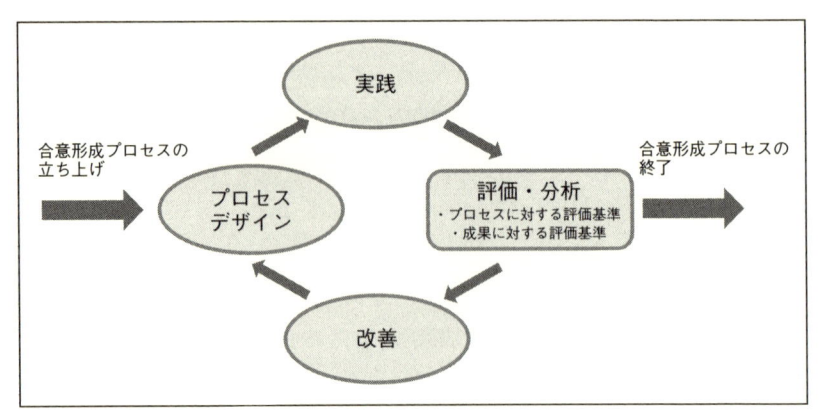

図9-3　合意形成プロセス評価の基本的スタンス

いの方法などの基礎的条件、合意形成評価のための基礎的基準を参考にしながら、適宜アセスメント等を行い、仮説的に合意形成プロセスのデザインを行う。

　次に、そのデザインにもとづいて実践し、さらにプロセスの評価・分析を行う。すでに課題が解決されている場合には、課題解決の具体的な取り組み、合意の成果を把握する。たとえば、ある課題についてどのような解決策を講じたことで合意形成に至ったのか、あるいは議論が紛糾した場合にはそこにどのような原因があるのか、また課題を解決するためにはどのような対策が考えられるか、などといったことである。実践の評価・検討作業を通して、当該事業に特有の諸条件をふまえた合意形成評価のための項目を具体的に設定していく。当然、評価を行った後のプロセスでは、明らかになった評価項目にもとづいてプロセスをデザインしなおさなければならない。

　自然再生事業における合意形成プロセスの評価は、このサイクルを回していくことによって、それぞれの事業の特殊性をふまえたものとして改善作業と相互的に実践されていく。さらに、そのような評価の実践は、マネジメントツールとして即座に当該事業の合意形成マネジメントに貢献するものとなる。

　この評価の考え方を適用する際に問題となるのは、評価実施者の設定であ

る。評価の実施方法で考えられるのは、第三者による外部評価と、事業関係者による内部評価である。評価の透明性・客観性・公正性を担保するのに適しているのは、外部評価である。一方で、外部の評価実施者は、内部者ほど的確にプロセスの実情を把握できない可能性が考えられる。PDCAサイクルをベースとした評価における評価者選定の問題に関して、政策プログラムの評価手法を提案する財団法人国際開発高等教育機構は、「外部者による一方的な第三者評価よりも、協力型、または、共同型の評価[16]」として、評価者と被評価者のよい関係づくりの必要性を指摘している。つまり、外部者が評価実施者となる場合には、的確にプロセスの状況を認識し、かつ評価結果を適切に評価後のプロセスへと反映できるよう、被評価者との関係構築が重要なポイントとなるのである。

内部評価はどうであるかというと、合意形成プロセスの実情を的確に把握し評価を行うことができる一方で、外部評価に比べて客観性の担保が難しい。プロジェクトの内部評価について、独立行政法人国際協力機構（JICA）の事業評価ガイドラインは、「JICA自らが評価する場合には、客観性、中立性に欠けるという批判から免れえない。このため、特にJICAが主体となって評価を行う際には、客観的データ、情報に基づいた質の高い評価を行うことが必要である[17]」と記している。内部評価において評価実施者に求められるのは、結果の正当性を示すための客観的なデータ、および資料の提示である。

評価者の設定は重要な検討事項である。自然再生事業の合意形成プロセスでは、客観性を担保しながらも、プロセスの経緯を的確に把握することのできる評価者を、明確に位置づけなければならない。

第3節 「合意形成プロセス構造把握フレーム」の提案

改善サイクルのなかで合意形成を評価していくためには、合意形成マネジメントのための重要な要素をふまえながら、プロセスを適切に把握する必要がある。本節では、合意形成に関する基礎理論や天王川での実践事例をふま

えながら、合意形成の評価に向けてプロセスを構造的に把握するためのフレームを示す。

(1) 合意形成プロセス構造把握フレーム

　自然再生事業においては、あらかじめ合意のための課題が明らかになっているわけではない。重要なのは、合意形成プロセスが進行するなかでその都度顕在化する課題をひとつひとつ解決していくことである。そのような課題解決の積み重ねがひいては事業全体の合意形成へとつながっていく。

　さらに、合意形成に向けて課題解決の方策を検討するうえでは、ステークホルダーのインタレスト形成の経緯を十分に把握し、インタレストレベルでの対立を克服したうえで、意見レベルでの合意を目指すことが重要である(図9-4)。合意形成マネジメントのコンセプト、およびその都度顕在化する課題への対応が事業全体の合意形成へつながるという考えをふまえ、合意形成のための重要な要素に着目しながらプロセスを整理・把握するフレームを考案し、これを「合意形成プロセス構造把握フレーム」と名付けた(図9-5)。このフレームでは、合意形成に向けた具体的課題について、それぞれどのような背景があり、またどのような解決策を実施したのかを示すようになって

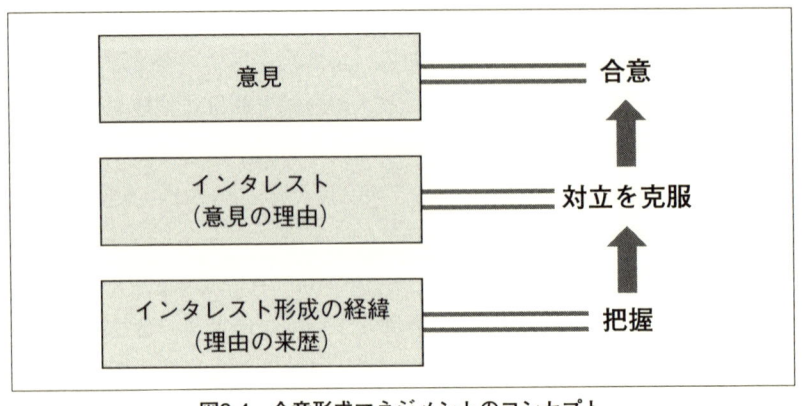

図9-4　合意形成マネジメントのコンセプト

第9章　自然再生事業における合意形成プロセスの評価　223

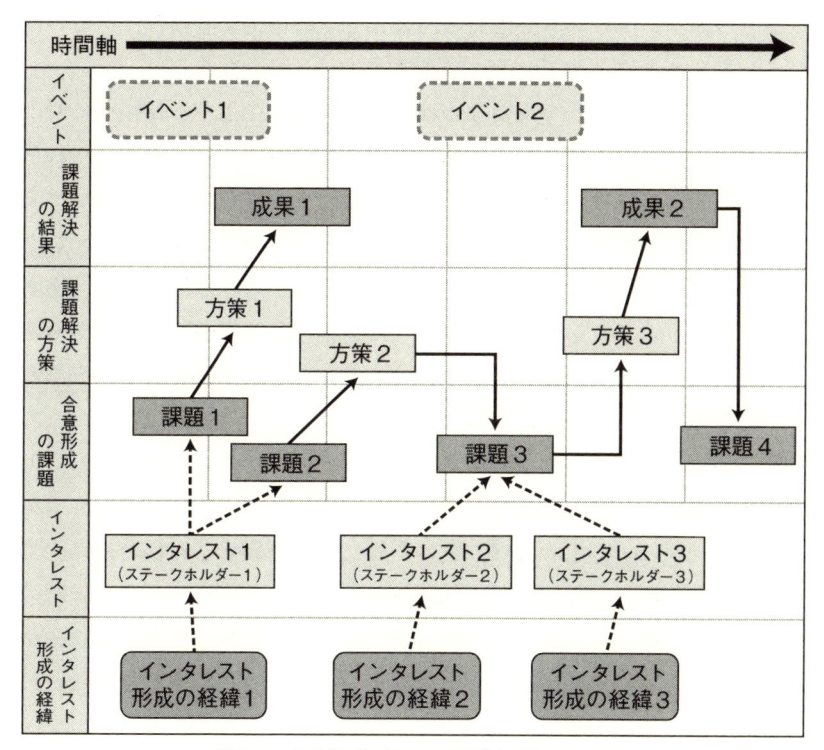

図9-5　合意形成プロセス構造把握フレーム

いる。横軸に時間軸をとっており、縦軸の各項目は上から「イベント」、「課題解決の成果」、「課題解決の方策」、「合意形成の課題」、「インタレスト」、「インタレスト形成の経緯」を設定している。このフレームへの具体的なプロット方法は次のとおりである。

　まず、時間軸を設定し、合意形成プロセスのなかで実施したイベントを記入する。次に、合意形成に向けて何が大きな課題であるかということを明確化し、課題のボックスに記入する。さらにその課題にかかわるステークホルダーのインタレスト、およびインタレスト形成経緯をそれぞれのボックスに記入する。この時、インタレストのボックスにはステークホルダーも記入する。また、インタレストと課題は、必ずしも1対1の関係にあるわけではな

い。ひとつのインタレストが複数の課題として顕在化する場合、あるいは複数のインタレストによってひとつの課題が生じる場合もある。

　合意形成マネジメントで重要なのは、その都度顕在化する課題への対応が事業全体の合意形成へと大きく貢献するという認識である。そこでそれぞれの課題から矢印をひき、その解決の方策を検討・実施したうえでボックスに記入する。課題の解決にあたって重要なのは、ステークホルダーのインタレストとインタレスト形成の経緯を適切にふまえながら具体的な方策を検討することである。つまりフレームのなかでは、課題と方策の関係だけをみるのではなく、方策がステークホルダーのインタレストをふまえたものであるかということを注視しなければならない。

　方策の実施によって課題が解決され、ある成果が得られた場合、方策のボックスから矢印をひき、その先に成果のボックスを記入する。また、成果が生まれると同時に、方策の実践における新たな課題が生じた場合には、方策ボックスから矢印をひき、新しく課題ボックスを記入する。また、課題の解決によって合意形成プロセスが新たな局面へと進んだ際にさらなる課題が生じるケースもある。その場合には、成果ボックスから矢印をひき、新たに課題ボックスをプロットする。

　「課題解決の結果」、「課題解決の方策」、「合意形成の課題」の3段の間では、ボックス間の矢印が相互に行き来する。これは、合意形成プロセスは、具体的に課題解決の方策を講じるなかで、また新たな課題が顕在化し、さらにその新たな課題を解決していくことでプロセスが推進されるという性質を表している。また、ある時点では合意形成の課題として認識されていなくとも、後になってそれが課題であったと判断できた場合には、それを後からプロットすることもできる。したがって合意形成プロセス構造把握フレームの中身は、マネジメントが推進される過程で絶えず更新されていく。

　このフレームが提供する新たな視点は、事業全体の合意形成を、その都度顕在化する課題への対応から捉えている点である。またこのフレームは、既往研究で指摘されているインタレスト[18]、およびインタレスト形成の経緯[19]という要素を、具体的な課題への対応と関連付けながらプロセス全体を

把握することを可能にする。

　合意形成プロセス構造把握フレームは、プロセスを構造的に把握することを実現するだけでなく、プロセスを評価する際に重要な役割を果たす。合意形成プロセスのマネジメント実施主体に求められるのは、ある時点での取り組みを自己評価し、その結果をふまえてその後の実践を改善していく作業である。構造把握フレームによって、たとえば、ある課題に関するステークホルダーのインタレストを十分に把握できているか、あるいは課題解決の方策が人びとのインタレストをふまえたものになっているか、ということを評価することができる。これは自己評価のみならず、第三者による外部評価を実施する際でも同様である。外部評価者がこのフレームに従ってマネジメント実施主体にヒアリング等を行うことで、人びとの納得にもとづいた合意形成を実践しているかということを評価することができる。

　さらに評価の実施に有効であるということは、前述したように次の2つの機能としても可能性を有していることになる。

　ひとつは、プロセス・マネジメントを実践するうえでのひとつの指標となる点である。合意形成に向けてはまず、ある段階において何が課題となっているのかを明確にしなければならない。また、フレームに従ってプロセスを整理していくことで、「インタレスト」、および「インタレスト形成の経緯」の把握に努めることになる。この点で、合意形成プロセス構造把握フレームは、マネジメントツールとしての機能をもつことになる。

　さらにふたつ目はアカウンタビリティへの貢献である。このフレームは、合意形成プロセスのなかで、どのような課題が生じ、またその課題解決のためにどのようなアクションを起こしたか、あるいは合意形成の結果としてどのような成果が生み出されたかということを一目で理解できるようになっている。また、ある成果から、フレームをさかのぼっていくことで、その成果がどのような話し合いや活動によって創出されたかということを確認することもできる。したがって、合意形成プロセスについての説明責任を果たすうえで、有効なツールとして用いることができる。

(2) 天王川自然再生事業における合意形成プロセスの構造化

ここで合意形成構造把握フレームを用いて、天王川再生事業での実践を図9-6のように整理した。本書の第3章でみてきたように、天王川自然再生事業の合意形成プロセスでは、様々な意見や課題が顕在化した。合意形成マネジメントチームは、座談会での参加者からの意見および話し合いの内容をその場で集約しながら、最後に参加者と共有・確認した。また、チーム内、新潟県、および学識経験者等と常に協議しながら、課題の整理を行った。そ

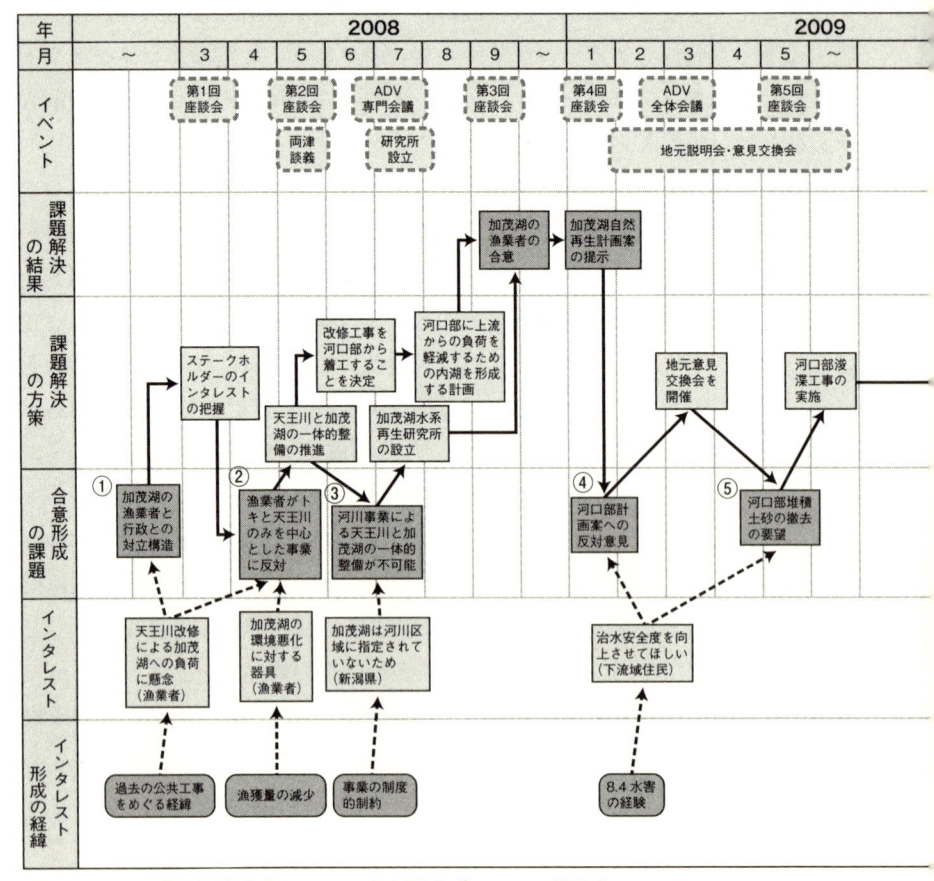

図9-6 天王川自然再生事業における合意形成プロセスの構造化

第9章 自然再生事業における合意形成プロセスの評価 227

の結果、事業の合意形成に向けての特に重要な課題として次の6点を抽出した。

①過去の公共事業に関する経緯をめぐって、加茂湖の漁業者と行政機関との間に対立関係が存在したこと。
②加茂湖の漁業者は、トキや天王川だけを中心とした自然再生の推進に反対の意見をもっていたこと。
③天王川と加茂湖の一体的な整備の必要性が関係者間で認識されたもの

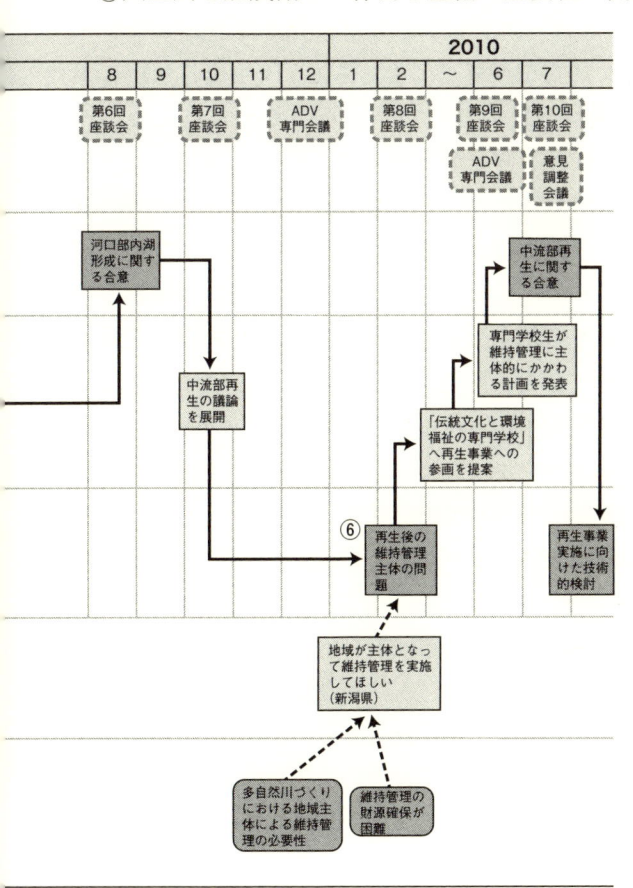

の、加茂湖は河川区域に指定されておらず、河川事業での一体的整備は現状の制度的枠組みのなかでは不可能であったこと。
④座談会での合意のもとに作成された河口部の形状について、治水安全度を危惧する下流域住民から反対意見がでたこと。
⑤河口部の自然再生形状に反対した住民から、河口部に堆積した土砂を撤去する要望が出たこと。
⑥中流部再生後の維持管理体制について見通しをたてること。

　これら6点が特に重要なのは、ステークホルダーのインタレストレベルでの対立克服に向けた本質的な課題だからである。天王川自然再生事業における合意形成は、座談会等の話し合いのなかで明らかになった上の6つの課題を解決していくことで形成された。これらの課題は、事前のアセスメントだけでは明らかにならない項目を含んでいる。河口部再生計画案の議論のように、話し合いが進んで事業が具体的になっていく過程で、ステークホルダーがはじめて自身のインタレストと事業とのかかわりを認識する場合があるからである。また、プロセスを構造化するなかで、上述の6つの課題をその課題の特質にもとづいて分類でき。すなわち、①の課題は事業実施以前から存在した主体間の相互不信に起因する。②、④、⑤についてはステークホルダーの関心・懸念から発生した課題である。さらに③と⑥は行政的・制度的理由が背景にある。
　まず1段目には、合意形成に向けてどのようなイベントを実施してきたかを記入している。重要なのは、上から4段目の「合意形成の課題」である。河口部再生計画案の合意形成に至るまでの課題は①、②、③であった。河口部再生計画案に反対した下流域住民との議論における課題は④と⑤、また、中流部再生計画案についての合意形成における課題は⑥であった。これらの課題の背景にどのようなステークホルダーのインタレスト、およびインタレスト形成の経緯があったのかということを、その下の2段にボックスで記している。
　天王川再生の合意形成プロセスでは、ステークホルダーのインタレストと

インタレスト形成の経緯に着目しながら、話し合いのなかで生じた具体的な課題の解決に取り組んできた。3段目には、課題解決の具体的な方策を明記している。

またプロセスのなかで、課題解決の結果として段階的にどのような合意事項があったのかを明確化することも重要である。そこで課題解決によって創出できた成果を2段目に記入している。天王川再生事業における課題解決の成果は、加茂湖の漁業者との合意、河口部自然再生計画案の提示、河口部計画案についての下流域住民との合意、中流部再生計画案についての合意の4点である。

以上、合意形成プロセス構造把握フレームを実際に利用する際のプロット方法について述べた。このフレームは、複雑な合意形成プロセスを構造的かつ直感的に理解するためのツールである。したがって、各ボックスのなかの記述は可能な限り簡潔にする必要がある。また、話し合いのなかでは多様な課題が生じる。それらをすべてプロットすれば、逆にプロセス構造を不明確にする可能性もある。したがって重要なのは、多様な課題のなかから合意形成にかかわる本質的な課題を見極め、抽出する作業である。

本章では自然再生事業における合意形成プロセスを評価するための基準、基本的な考え方、および評価実施のためのツールを示した。自然再生事業における合意形成プロセスは、事業を取り巻く環境やその成果物がユニークなものであることから、プロジェクトとしてマネジメントされなければならない。さらに合意形成プロセスを評価するうえでは、自然環境と社会環境の両方の複雑性に対応するために、評価の作業を改善のプロセスのなかに位置づけることが重要である。具体的には、PDCAサイクルの考え方、およびPDCAサイクルを社会基盤整備事業のマネジメントに適用した事例について概観し、プロセス評価の基本的スタンスを示した。さらに、評価の実施に向けて、「合意形成プロセス構造把握フレーム」を考案した。このフレームは、多様なステークホルダーの意見、インタレスト、インタレスト形成の経緯

と、事業推進における具体的な課題との関係を構造化する。このフレームを用いることによって合意形成のプロセスを重要な要素に応じて構造的に把握し評価することを可能とする。さらにプロセスのマネジメントツール、およびアカウンタビリティを果たすための重要なツールとしても重要な役割を果たす。

本書で示したこの評価枠組みは、合意形成やインタレスト形成構造に関する理論的考察と社会実験の成果をふまえて構築したものであり、基本的にすべての自然再生事業において適用しうる枠組みである。事業の規模によってステークホルダーが多数になれば、話し合いの場やマネジメントの体制を適切に整える必要が生じるが、そのなかでもそれぞれのマネジメントの実施単位のなかでこの評価枠組みを適用することができる。

一方で、たとえばダム建設問題などの対立が深い合意形成プロセスにおける適用性についてはさらなる検証を必要とする。自然再生事業はその事業の特性から、深い対立構造のなかで合意形成プロセスがスタートするケースは少ない。主に問題となるのは、自然再生に無関心な人びとが多いということである。したがって自然再生の合意形成で重要な課題となるのは、無関心な人びとについて、どのようにして自然再生の事業のなかでその主体性を高めていくかということである。本書の成果は、自然再生推進法やその他の関連法規にも明記されているように、自然再生の実施においてどのようにして地域住民が積極的に事業にかかわっていくかという問題に貢献する。ここで示した評価枠組みは、そのような視点で取り組む事業に適用しうるものである。

■註

1　Innes, Judith E.: Evaluating Consensus Building, in *The Consensus Building Handbook* (Susskind, Lawrence E., McKearnan, Sarah & Thomas-Larmer, Jennifer Eds.), SAGE Publications, pp.631-675, 1999.
2　吉武久美子：産科医療と生命倫理、昭和堂、pp.221-222、2011。
3　前掲(Innes、1999)。
4　中嶋秀隆：改訂4版PMプロジェクト・マネジメント、日本能率協会マネジメン

トセンター、p.40、2009。
5 Project Management Institute: *A Guide to the Project Management body of Knowledge (PMBOK Guide) Fourth Edition*, Global Standard, pp.39-40, 2008.
6 シューハート、W.A.、デミング、W.E. 編、坂本平八訳：品質管理の基礎概念、岩波書店、pp.70-75、1960。
7 藤田薫：全員参加と管理―PDCAを回す―、品質、Vol.20、No.1、pp.62-66、1990.1。
8 国土交通省九州地方整備局宮崎河川国道事務所ホームページ(http://www.qsr.mlit.go.jp/miyazaki/)。
9 宮崎海岸侵食対策事業では、ステップアップサイクルと並んで、「宮崎海岸トライアングル」をもうひとつの事業推進の柱として位置づけている。このしくみは、事業の官民学協働に向けて、「事業主体と市民と専門家を三角形の頂点とし、それぞれを結ぶ工夫」を表現したものである。詳細については、下の文献を参照されたい。
桑子敏雄：社会基盤整備をめぐる社会的合意形成、海岸、Vol.48、No.2、pp.36-42、2009。
10 国土交通省九州地方整備局宮崎河川国道事務所ホームページ「第5回宮崎海岸市民談義所　資料」(http://www.qsr.mlit.go.jp/miyazaki/html/kasen/sskondan/dangisho/pdf/dangisho_05_03.pdf)。
11 国土交通省九州地方整備局宮崎河川国道事務所ホームページ「第1回宮崎海岸侵食対策検討委員会　資料」(http://www.qsr.mlit.go.jp/miyazaki/html/kasen/sskondan/shinsyoku/pdf/01/06_honpen.pdf)。
12 吉武哲信：合意形成のための新たな取り組み―宮崎海岸市民談義所の活動―、河川、No.760、pp.18-27、2009。
13 前掲(吉武、2009)。
14 桑子敏雄：社会資本整備におけるアカウンタビリティの向上、日刊建設産業新聞、pp.8-9、2009.12.17。
15 Innes, Judith E. & Booher, Davis E.: Consensus Building and Complex Adaptive System, *Journal of the American Planning Association*, Vol.65, No.4, pp.412-423, 1999.
16 湊直信：政策・プログラム評価手法LEAD―利用ガイドと事例―、財団法人国際開発高等教育機構、p.10、2004。
17 国際協力事業団　企画・評価部評価監理室編：実践的評価手法―JICA事業評価ガイドライン―、国際協力出版会、p.45、2002。
18 Susskind, Lawrence E. & Cruikshank, Jeffrey L.: *Breaking Robert's Rules*, Oxford University Press, 2006.
19 吉武久美子：産科医療と生命倫理、昭和堂、pp.219-231、2011。

あとがき

　自然再生やその他のインフラ整備、あるいはまちづくりや地域防災などの現場において、多様なステークホルダー間で合意形成を実現することの重要性はもはや多くの人が認識している。このことは、わたし自身が建設会社に勤務し、公共事業の現場に携わるなかで実感したことであり、また大学院在籍時の研究実践活動のなかで、地域住民、行政職員、民間の技術者、NPOなど多くの人びととかかわるなかで確認したことである。

　本書は、わたしの学位論文「自然再生事業における合意形成マネジメントとその評価に関する研究」を出版向けに加筆・修正したものである。学位論文、また本書を執筆する際に常にわたしの頭のなかにあったのは、合意形成の重要性を痛感しながら、現場で悪戦苦闘している人びとに少しでも貢献したいという思いであった。

　「合意形成するためには結局誰かが妥協しなければならない」と考えている人がたくさんいると思う。また、「結局は多数意見が採用される」と考えている人も多いだろう。しかし、本書で示したように、合意形成とは妥協することでも誰かの意見を押さえつけてしまうことでもない。合意形成とは、多様な人びとが同じ目線、同じ場で話し合い、少数派の声を切り捨てることなく、ユニークな意見を共有しながら、既存の利害や意見の対立を乗り越えていく努力のプロセスなのである。さらにそのプロセスを適切に組み立てることによって、そこにかかわった人びとは劇的に変わっていく。

　わたしが合意形成という観点から公共事業の問題に取り組むきっかけとなったのは、民間の技術者として公共工事に携わっていた経験である。大学院

に進学する以前、わたしはおよそ5年間、造園土木系の建設会社に勤務し、公共工事の施工管理の仕事に従事していた。現場では、多くの職人や技術者が、過酷な状況のなかでも誇りをもって仕事に取り組んでいる。しかし、そのような仕事が、必ずしも世間の人びとから評価されているわけではない。現代の日本の社会では、市民から土木が悪者扱いされることも少なくない。実際に現場にいて、市民から直接文句を言われることもあった。わたしは、「現場では多くの人がいいものをつくろうと一生懸命に汗を流しているのに、どうしてそれが評価されないのか」と疑問を抱いていた。

現場での仕事に色々と悩んでいたときに手にとったのが、恩師である桑子敏雄先生の著書『風景のなかの環境哲学』(東京大学出版会)であった。桑子先生はこの本のなかで、「何をつくるか」から「どのようにつくるか」へ視点を移していくことがこれからの公共事業で最も重要な課題であると述べ、そのうえで、市民参加、あるいは合意形成の重要性を理論的かつ論理的に示されていた。わたしは、この本を手にとって読んだ時の一筋の光が射したような感覚を今でも鮮明に覚えている。公共事業の現場にかかわるなかで生じてきた自分のなかの葛藤や悩みを解決するためには、多様な人びと、多様な価値観のなかで、合意にもとづいて空間をつくっていくための「プロセス」について研究することが必要だと確信した。またその研究成果は、実際の公共事業の現場で実践できるものでなければ意味がない。すなわち学術とものづくりの現場を架橋する理論と技術を構築する必要があると考えた。そのような経緯からわたしは、一大決心で勤めていた会社を退社し、大学院に進学したのであった。

桑子先生には修士課程と博士課程の5年間、フィールドにおける実践活動の心構えから論理的な文章表現の方法まで、時間・場所を問わず丁寧にご指導いただいた。また、時にプロジェクトメンバーとしてわたしに様々な仕事をまかせていただいたことが自信にもつながった。桑子先生からは、日常の議論やプロジェクト活動を通して、また先生の著書からもはかりしれないほど多くのことを教えていただいた。改めてこの場を借りて感謝申し上げたい。

大学院生活においては、桑子研究室のメンバーがわたしの精神的支柱であった。桑子研究室には、文系理系を問わず多様な経験やバックボーンをもった人が集まってくる。また、社会に出て働くなかで経験した問題を解決するために進学してくる人も多かった。そのような多様なまなざしから繰り広げられる研究室での議論は、わたしにとって実に刺激的で楽しい時間であった。特に、豊田光世さん、加藤まさみさん、広瀬洋子さん、梅津喜美夫さんには、研究以外の様々な場面でもいつも元気をもらい励まされていた。東京へ単身で出てきたわたしにとって、研究室のメンバーは仕事仲間であり家族でもあるような特別な存在であった。研究室で議論し、時に現場で一緒に汗をかいた時間は、わたしの大きな財産である。

　修士課程に入学したときから佐渡のプロジェクトにかかわり、その後、博士課程修了までわたしの研究生活のほとんどは佐渡という地域とともにあった。本書を出版できることになったのも、佐渡のみなさまの多大なる支援があったからである。特に、佐渡島加茂湖水系再生研究所のメンバーの松村かなさん、藤井徳三さん、伊藤隆一さん、岩首談義所の大石惣一郎さん、グリーンビレッジの本間周子さんには、ここで言い尽くせないほどのご厚意を賜った。わたしは佐渡のみなさまから実に多くのことをご教授いただいたと実感している。佐渡の活動にはこれからも継続的にかかわり、みなさまに少しずつ恩返ししていきたい。

　また九州大学大学院の島谷幸宏教授には、佐渡をはじめ各地のプロジェクト活動でご一緒するなかで、研究における斬新なアイディアや土木技術者としての大切な心構えなど多くのことを教えていただいた。深くお礼申し上げる。

　佐渡島における研究プロジェクトは、環境省地球環境研究総合推進費による「トキの野生復帰のための持続可能な自然再生計画の立案とその社会的手続き」、および独立行政法人科学技術振興機構・社会技術研究開発センター(JST・RISTEX)による「地域共同管理空間(ローカル・コモンズ)の包括的再生の技術開発とその理論化」の研究助成によって実施した。また、本書のなかで論じた佐渡島・加茂湖での市民工事の実践活動については、早稲田大学と株

式会社ブリヂストンの連携による助成事業W-BRIDGEの「トキ舞う加茂湖の水辺再生プロジェクト」によって実施した。関係者の皆様に感謝申し上げる。

　大学院への進学を決めた際には、自分勝手な理由で退職を申し出たにも関わらず、暖かく送り出してくれた関西造園土木株式会社の皆様への謝意は、ここでは言い尽くせないほどである。また、現場でご一緒した協力業者の皆様からは、モノづくりの楽しさと厳しさ、あるいは実際に現場に立ち、自分で手を動かし、その場にいる人とともに汗をかくことの大切さを教えていただいた。そのことは研究に取り組むようになった今でも、ゆるぎない自分のスタンスとして実践している。過酷な現場で実務に取り組むみなさまに少しでもお役に立てるように、今後さらに研究・実践活動にまい進していきたい。

　本書を出版するにあたっては、東信堂の下田勝司氏から、多大なご尽力と暖かい助言を賜った。心より感謝申し上げる。

　最後に、わたしが研究活動に専念できたのは、ふるさとの神戸から声援を送り続けてくれた家族や友人がいたからこそである。思えばわたしが「大学院へ進学したい」という気持ちを打ち明けた時、家族や友人は驚くと同時に大いに心配したに違いない。しかし、全員が「自分が信じることに突き進め」とわたしの背中を押してくれた。みんなの後押しがなければ、わたしが会社を辞して単身で東京へ移り、研究生活を送ることはなかっただろう。特に、どんな状況のなかでもわたしをあたたかく見守り、時に叱咤激励してくれた父と母、そして妻の美貴に心からの感謝を述べたい。

※本書は、独立行政法人日本学術振興会平成25年度科学研究費助成事業（科学研究費補助金）・研究成果公開促進費の交付を受けて公刊するものである。

髙田　知紀

引用・参考文献一覧

◆書籍・論文

- Belt, Marjan van den: *Mediated Modeling —A System Dynamics Approach to Environmental Consensus Building—*, Island Press, 2004.
- Binnekamp, Ruud, Gunsteren, Lex A. van & Loon, Peter-Paul van: *Open Design, a Stakeholder-Oriented Approach in Architecture, Urban Planning, and Project Management*, IOS Press, 2006.
- Brierley, Gary J. & Fryirs, Kirstie A. (Eds.): *River Futures*, Island Press, 2008.
- Callicott, J. Baird & Ames, Roger T. (Eds.): *Nature – In Asian Traditions of Thought —*, State University or New York Press, 1989.
- Carpenter, Susan: Choosing Appropriate Consensus Building Techniques and Strategies, in *The Consensus Building Handbook* (Susskind, Lawrence E., McKear-nan, Sarah & Thomas-Larmer, Jennifer, Eds.), SAGE Publications, pp.61-97, 1999.
- Cushman, Samuel A. & Huettmann, Falk (Eds.): *Spatial Complexity, Informatics, and Wildlife Conservation*, Springer, 2010.
- Doyle, Michael & Straus, David: *How to Make Meeting Work*, Jove, 1986.
- Drucker, Peter F.: *Management*, Harperbusiness, 2008.
- Eichler, Mike: *Consensus Organizing —Building Communities of Mutual Self-Interest —*, SAGE Publications, 2007.
- Gibson, James J.: *The Ecological Approach to Visual Perception*, Lawrence Erlbaum Associates, 1979.
- Green, David G., Klomp, Nicholas, Rimmington, Glyn & Sadedin, Suzanne: *Complexity in Landscape Ecology*, Springer, 2009.
- Hardin, Garrett: The Tragedy of the Commons, *Science 13*, Vol.162, No.3859, pp.1243-1248, 1968.12.
- Hester, Randolph T.: *Design for Ecological Democracy*, The MIT Press, 2006.
- Innes, Judith E.: Evaluating Consensus Building, in *The Consensus Building Handbook* (Susskind, Lawrence E., McKearnan, Sarah & Thomas-Larmer, Jennifer Eds.), SAGE Publications, pp.631-675, 1999.
- Innes, Judith E. & Booher, Davis E.: Consensus Building and Complex Adaptive System, *Journal of the American Planning Association*, Vol.65, No.4, pp.412-423, 1999.

- Lynch, Kevin: *The Image of the City*, MIT Press, 1960.
- McKearnan, Sarah & Fairman, David: Producing Consensus, in *The Consensus Building Handbook* (Susskind, Lawrence E., McKearnan, Sarah & Thomas-Larmer, Jennifer, Eds.), SAGE Publications, pp.325-373, 1999.
- Mika, Sarah, Boulton, Andrew, Ryder, Darren & Keating, Daniel: Ecological Function in River –Insight from Crossdisciplinary Science–, in River Futures (Brierley, Gary J. & Fryirs, Kirstie A., Eds.), Island Press, pp.85-99, 2008.
- Ostrom, Elinor: *Governing the Commons –The Evolution of Institutions for Collective Action –*, Cambridge University Press, pp.88-102, 1990.
- Poteete, Amy R., Janssen, Marco A. & Ostrom, Elinor: *Working Together*, Princeton University Press, 2010.
- Project Management Institute: *A Guide to the Project Management body of Knowledge (PMBOK Guide) Fourth Edition*, Global Standard, 2008.
- Randolph, John: *Environmental Land Use Planning and Management*, Island Press, 2004.
- Rowe, Gene & Frewer, Lynn J.: Evaluating Public-Participation Exercise: A Research Agenda, *Science Technology & Human Values*, Vol.29, No.4, SAGE, 2004.
- Ryder, Darren, Brierley, Gary J., Hobbs, Richard, Kyle, Garreth & Leishman, Michelle.: Vision Generation – What Do You Seek to Achieve in River Rehabilitation? –, in *River Futures* (Brierley, Gary J. & Fryirs, Kirstie A., Eds.), Island Press, pp.16-27, 2008.
- Sandel, Michael J.: *Justice –What's the Right Thing to Do? –*, FSG, 2009.
- Schon, Donald A.: *The Reflective Practitioner –How Professionals Think in Action–*, Basic Books, 1983.
- Susskind, Lawrence E. & Cruikshank, Jeffrey L.: *Breaking Robert's Rules*, Oxford University Press, 2006.
- Susskind, Lawrence E., McKearnan, Sarah & Thomas-Larmer, Jennifer (Eds.): *The Consensus Building Handbook*, SAGE Publications, 1999.
- 青木俊明、星光平、佐藤崇：集団状況における協力意向の形成機構―同調圧力と手続き的公正が肯定的に作用する場合―、土木学会論文集D、Vol.62、No.1、pp.45-53、2006.1。
- 青木俊明、鈴木嘉憲：胆沢ダム建設事業にみる合意の構図、土木学会論文集D、Vol.64、No.4、pp.542-556、2008.11。
- 青木陽二：八景の伝播と分布、国立環境研究所研究報告、No.197、pp.12-16、2007。
- 秋山和也、都築隆禎、古西力、佐合純造：トキの野生復帰を支援する川づくり―天王寺川自然再生の合意形成と整備メニューの策定―、リバーフロント研究所報告、第22号、pp.131-137、2011。
- 芦田和男、江頭進治、中川一：21世紀の河川学、京都大学学術出版会、2008。

- アリストテレス著、朴一功訳：ニコマコス倫理学、京都大学学術出版会、2002。
- 石塚雅明：参加の「場」をデザインする、学芸出版社、2004。
- 五十嵐敬喜、小川明雄：公共事業のしくみ、東洋経済新報社、1999。
- 井上真、宮内泰介編：コモンズの社会学、新曜社、2001。
- 猪原健弘編著：合意形成学、勁草書房、2011。
- 今田高俊：社会理論における合意形成の位置づけ―社会統合から社会編集へ、in 合意形成学(猪原健弘編著)、勁草書房、pp.17-35、2011。
- 巌谷小波編：説話大百科事典大語園、第1巻、名著普及会、1978。
- 上田豪：淀川管内河川レンジャーが担う市民参画・協働の川づくり、平成23年度近畿地方整備局研究発表会論文集、2011。
- 内山節、大熊孝、鬼頭秀一、木村茂光、榛村純一：ローカルな思想を創る、社団法人農山漁村文化協会、1998。
- NPO法人アサザ基金編：アサザプロジェクト流域ぐるみの自然再生、NPO法人アサザ基金、2007。
- NPO法人合意形成マネジメント協会編：社会的合意形成が拓く公共事業新時代、NPO法人合意形成マネジメント協会、2005。
- 延藤安弘：「まち育て」を育む、東京大学出版会、2001。
- 大熊孝：増補 洪水と治水の河川史、平凡社、2007。
- 荻原良己、坂本麻衣子：コンフリクトマネジメント―水資源の社会リスク―、勁草書房、2006。
- 唐澤太郎、西崎将、岡村幸二、戸邉巌、大京寺聡、蛯原雅之：玉川上水・内藤新宿分水における合意形成の取り組み、土木技術者実践論文集、Vol.1、pp.137-142、2010.3。
- 川喜田二郎：発想法、中公新書、1967。
- 菅豊、三俣学、井上真：グローバル時代のなかのローカル・コモンズ論、in ローカル・コモンズの可能性―自治と環境の新たな関係―(三俣学、菅豊、井上真編著)、ミネルヴァ書房、pp.1-9、2010。
- 木岡伸夫：風土の論理―地理哲学への道―、ミネルヴァ書房、2011。
- 菊地直樹：蘇るコウノトリ―野生復帰から地域再生へ―、東京大学出版会、2006。
- 鬼頭秀一、福永真弓編：環境倫理学、東京大学出版会、2009。
- 木村拓郎、高橋和雄：島原市安中三角地帯嵩上げ事業に関する住民の合意形成過程に関する調査研究、土木学会論文集、No.786、IV-67、pp.145-155、2005.4。
- 倉知徹、小林英嗣：都市再編を担う公民協働のまちづくり主体の形成と方向性―札幌都心を事例として―、日本都市計画学会都市計画報告集、No.5、pp.5-8、2006.5。
- 桑子敏雄：環境の哲学、講談社学術文庫、1999。
- 桑子敏雄：感性の哲学、NHKブックス、2001。
- 桑子敏雄：風景のなかの環境哲学、東京大学出版会、2005。

- 桑子敏雄：提案のための文法―市民参加とコミュニケーション―、感性哲学5、pp.64-78、2005.9。
- 桑子敏雄：日本の風土と多自然川づくり、RIVER FRONT、vol.62、pp.6-9、2008。
- 桑子敏雄：風土の視点からの河川計画、計画行政、31(2)、pp.29-36、2008。
- 桑子敏雄：生活景と環境哲学、in 生活景（社団法人日本建築学会編）、学芸出版社、2009。
- 桑子敏雄：社会基盤整備をめぐる社会的合意形成、海岸、Vol.48、No.2、pp.36-42、2009。
- 桑子敏雄：社会資本整備におけるアカウンタビリティの向上、日刊建設産業新聞、pp.8-9、2009.12。
- 桑子敏雄：社会基盤整備での社会的合意形成のプロジェクト・マネジメント、in 合意形成学（猪原健弘編著）、勁草書房、pp.179-202、2011。
- 桑子敏雄編：いのちの倫理学、コロナ社、2004。
- 桑子敏雄編：日本文化の空間学、東信堂、2008。
- 桑子敏雄、吉武久美子：医療倫理に関する研究行為の倫理性について―合意形成論の観点から―、生命倫理、Vol.19、No.1、pp.21-28、2009.9。
- 建設省河川局水政課監修、河川法令研究会編著：よくわかる河川法、ぎょうせい、1996。
- 国際協力事業団 企画・評価部評価監理室編：実践的評価手法―JICA事業評価ガイドライン―、国際協力出版会、2002。
- 国土庁計画調整局監修：21世紀の国土のグランドデザイン、時事通信社、1999。
- 小山直嗣：新潟県伝説集―佐渡編―、恒文社、1996。
- 合意形成手法に関する研究会編集：欧米の道づくりとパブリック・インボルブメント、ぎょうせい、2001。
- 後藤袈裟登：ニッポニア・ニッポン、新風舎、2005。
- 齋藤潮、土肥真人編著：環境と都市のデザイン、学芸出版社、2004。
- 佐々木葉二、三谷徹、宮城俊作、登坂誠：ランドスケープの近代―建築・庭園・都市をつなぐデザイン思考―、鹿島出版会、2010。
- 榊原映子：日本の八景データ、国立環境研究所研究報告、No.197、pp.106-146、2007。
- 坂部恵：和辻哲郎、岩波現代文庫、2000。
- 自然環境共生技術協会：よみがえれ自然―自然再生事業ガイドライン、環境コミュニケーションズ、2007。
- 自然再生を推進する市民団体連絡会編：森、里、川、海をつなぐ自然再生、中央法規、2005。
- 柴田久：環境都市に向かう景観の訴求力、in 環境と都市のデザイン（齋藤潮、土肥真人編著）、学芸出版社、pp.46-70、2004。

- 柴田久、土井健司：都市基盤整備におけるコンフリクト予防のための計画プロセスの手続き的信頼性に関する考察、土木学会論文集D、Vol.62、No.2、pp.213-226、2006.5。
- 柴田久、西原敬人、石橋知也：合意形成プロセスと完成した空間デザインの質的事後評価にみる住民参加型整備事業の課題に関する考察―福岡市における参加型13公園を事例にして―、土木計画学研究・論文集、Vol.24、No.2、2007.10。
- 自治体学会編：都市建築の技術と手続き、良書普及会、1991。
- 篠原修編：景観用語辞典―増補改訂版―、彰国社、2007。
- 島谷幸宏：河川環境の保全と復元、鹿島出版会、2000。
- 島谷幸宏：中小河川の技術基準解題―多自然川づくりのすすめ―、櫂歌書房、2010。
- 島谷幸宏、今村正史、大塚健司、中山雅文、泊耕一：松浦川におけるアザメの瀬自然再生計画、河川技術論文集、第9巻、pp.451-456、2003.6。
- 社団法人日本建築学会編：生活景、学芸出版社、2009。
- シューハート、W.A.、デミング、W.E. 編、坂本平八訳：品質管理の基礎概念、岩波書店、1960。
- 鈴木秀雄：風土の構造、大明堂、1975。
- 清野聡子、宇多高明：公共事業の合意形成における専門家のあり方、環境システム研究論文集、Vol30、pp.223-231、2002.10。
- 竹林征三：風土工学序説、技法堂出版、1997。
- 多自然川づくり研究会編：多自然川づくりポイントブック、財団法人リバーフロント整備センター、2007。
- 田路貴浩編、木村敏、三谷徹、中村良夫、内藤廣、大橋良介、フィリップ・ニス著：環境の解釈学、学芸出版社、2003。
- 多田克己：幻想世界の住人たちⅣ―日本編―、新紀元社、1990。
- 田中尚人、轟修、中嶋伸恵、多和田雅保：風土に根ざしたインフラストラクチャー形成に関する研究―柿野沢地区の道普請を事例として―、土木学会論文集D、Vol.64、No.2、pp.218-227、2008。
- 谷川健一編：風土学ことはじめ、雄山閣出版、1984。
- 長南政宏、小林華奈、松崎浩憲、白川直樹：リスク概念を導入した河川事業の評価と合意形成に関する一考察、河川技術論文集、第7巻、pp.429-434、2001.6。
- 塚本善弘：「コモンズ」としてのヨシ原生態系活用・保全の論理・展開・課題―北上川河口域をフィールドとして―、アルテスリベラレス(岩手大学人文社会科学部紀要)、第81号、pp.179-202、2007.12。
- 東京工業大学大学院社会理工学研究科価値システム専攻桑子研究室：佐渡めぐりトキを語る移動談義所の歩み、環境省地球環境研究総合推進費「トキの野生復帰のための持続可能な自然再生計画の立案とその社会的手続き(F-072)」トキと社会研究チーム活動報告書、2010.3。

- 東京都：東京都都市計画用語集、東京都生活文化局広報広聴部広聴管理課、2002。
- 富山和子：水と緑と土、中公新書、1974。
- 豊田光世、山田潤史、桑子敏雄、島谷幸宏：「佐渡めぐり移動談義所」によるトキとの共生に向けた社会環境整備の推進に関する研究、自然環境復元研究、第4巻、Vol.4、pp.51-60、2008.5。
- 豊田光世、桑子敏雄：生物多様性の保全に向けた感性のポテンシャル―環境倫理学的視点からの考察―、日本感性工学会論文誌、Vol.10、No.4、pp.473-479、2011。
- 土木学会誌編集委員会編：合意形成論、土木学会、2004。
- 中沢篤志、鳴海那碩、久隆浩、田中晃代：日本における住民参加型まちづくり論の変遷に関する研究、日本建築学会大会学術講演梗概集、pp.627-628、1995.8。
- 中嶋伸恵、田中尚人、秋山孝正：水辺空間を基盤とした地域コミュニティの形成に関する研究、土木学会論文集D、Vol.64、No.2、pp.168-178、2008.4。
- 中嶋秀隆：改訂4版PMプロジェクト・マネジメント、日本能率協会マネジメントセンター、2009。
- 中村圭吾、森川敏成、島谷幸宏：河口に設置した人口内湖による汚濁負荷制御、環境システム研究論文集、Vol.29、pp.115-123、2000.10。
- 中村太士：流域一貫、築地書館、1999。
- 中村良夫：土木工学体系13 景観論、彰国社、1977。
- 中村良夫：風景学入門、中公新書、1982。
- 中村良夫：湿地転生の記―風景学の挑戦―、岩波書店、2007。
- 中村良夫編著、小野芳朗、堀繁、内藤廣、齋藤潮、土肥真人著：環境と空間文化、学芸出版社、2005。
- 名倉広明：ファシリテーションの教科書、日本能率協会マネジメントセンター、2004。
- 滑川達、山中英生：コンセンサス・ビルディング手法による検討委員会設立・運営に対する参加者評価、土木計画学研究・論文集、Vol.24、No.1、pp.131-138、2007.10。
- 新潟大学佐渡市環境教育ワーキンググループ編集：佐渡島環境大全、新潟県佐渡市、2008。
- 新穂村史編さん委員会編：新穂村史、新潟県佐渡郡新穂村、1976。
- 錦澤滋雄：自由討議の場としてのワークショップ、in 市民参加と合意形成（原科幸彦編著）、pp.61-90、学芸出版社、2005。
- 錦澤滋雄：都市計画マスタープラン策定過程におけるワークショップの役割、平成13年度東京工業大学学位論文、2002.3。
- 日本建築学会編：まちづくりの方法、丸善株式会社、2004。
- 日本建築学会編：参加による公共施設のデザイン、丸善株式会社、2004。
- 日本生態学会編：自然再生ハンドブック、地人書館、2010。
- ハイデガー、M.著、原佑、渡邊二郎訳：存在と時間（全3巻）、中公クラシックス、

2003。
- 原科幸彦編著：市民参加と合意形成、学芸出版社、2005。
- 原科幸彦、村山武彦：アドホックな代表者による合意形成の枠組み、in 市民参加と合意形成（原科幸彦編著）、学芸出版社、pp.41-60、2005。
- 平松紘：イギリス環境法の基礎研究―コモンズの史的変容とオープンスペースの展開―、敬文堂、1995。
- 藤井聡、竹村和久、吉川肇子：「決め方」と合意形成、土木学会論文集、No.709、IV-56、pp.13-26、2002.7。
- 藤井聡：実践的風土論にむけた和辻風土論の超克―近代保守思想に基づく和辻「風土：人間学的考察」の土木工学的批評―、土木学会論文集D、Vol.62、No.3、pp.334-350、2006。
- 藤垣裕子編：科学技術社会論の技法、東京大学出版会、2005。
- 藤田薫：全員参加と管理―PDCAを回す―、品質、Vol.20、No.1、pp.62-66、1990.1。
- 樋口忠彦：日本の景観、ちくま学芸文庫、1993。
- 樋口忠彦：日本の川のけしき、河川文化を語る会講演集　その27、社団法人日本河川協会、pp.151-199、2008。
- 広瀬利雄監修、応用生態工学序説編集委員会編：自然再生への挑戦、学報社、2007。
- 福井恒明：景観向上効果―公共事業の目的として―、河川、No.756、pp.10-13、2009。
- ベルク、オギュスタン著、篠田勝英訳：風土の日本、ちくま学芸文庫、1992。
- ベルク、オギュスタン著、中山元訳：風土学序説、筑摩書房、2002。
- 寳金敏明：新訂版　里道・水路・海浜―長挟物の所有と管理―、ぎょうせい、2003。
- 湊直信：政策・プログラム評価手法LEAD―利用ガイドと事例―、財団法人国際開発高等教育機構、2004。
- 水木しげる：図説日本妖怪大全、講談社プラスアルファ文庫、1994。
- 三俣学、森本早苗、室田武編：コモンズ研究のフロンティア、東京大学出版会、2008。
- 三俣学、菅豊、井上真編著：ローカル・コモンズの可能性―自治と環境の新たな関係―、ミネルヴァ書房、2010。
- 宮内泰介編：コモンズをささえるしくみ―レジティマシーの環境社会学―、新曜社、2006。
- 宮川愛由、藤井聡、竹村和久、吉川肇子：公共事業における国民の行政に対する信頼形成プロセスに関する研究、土木計画学研究論文集、Vol.24、No.1、pp.121-129、2007.10。
- 室田武編著：グローバル時代のローカル・コモンズ、ミネルヴァ書房、2009。

- メルロー=ポンティ、M.著、竹内芳郎、木田元、宮本忠雄訳：知覚の現象学(全2巻)、みすず書房、1974。
- 屋井鉄雄：社会資本整備の合意形成に向けて、in 合意形成論(土木学会誌編集委員会編)、土木学会、pp.164-165、2004。
- 屋井鉄雄：手続き妥当性概念を用いた市民参加型計画プロセスの理論的枠組み、土木学会論文集D、Vol.62、No.4、pp.621-637、2006.12。
- 山田潤史：自然再生事業の社会的合意形成手法に関する研究、平成21年度東京工業大学大学院修士論文、2009。
- 山道省三：多自然川づくりに関する住民参画と協働について、水環境学会誌、No.51、Vol.7、pp.14-17、2008。
- 湯浅弘：和辻哲郎『風土』の諸問題、川村学園女子大学研究紀要、第14巻、第2号、pp.133-145、2003。
- 吉武久美子：医療倫理と合意形成、東信堂、2007。
- 吉武久美子：産科医療と生命倫理、昭和堂、2011。
- 吉武哲信：合意形成のための新たな取り組み―宮崎海岸市民談義所の活動―、河川、No.760、pp.18-27、2009。
- 両津町史編さん委員会編：両津町史、両津市中央公民館、1969。
- 鷲谷いづみ：自然再生、中公新書、2004。
- 鷲谷いづみ：生物多様性入門、岩波書店、2010。
- 鷲谷いづみ、鬼頭秀一編：自然再生のための生物多様性モニタリング、東京大学出版会、2007。
- 和田陽平、大山正、今井省吾編著：感覚・知覚心理学ハンドブック、誠信書房、1969。
- 和辻哲郎：風土、岩波文庫、1979。
- 和辻哲郎：倫理学(全4巻)、岩波文庫、2007。

◆法律・通達等

- 河川法[昭和39年(1964年)7月10日法律第167号]最終改正[平成17年(2005年)7月29日法律第89号]。
- 環境省編：生物多様性国家戦略2010、2010。
- 環境省：佐渡地域環境再生ビジョン、2003.3。
- 建設省：「多自然型川づくり」の推進について、1990.11。
- 佐渡市地域防災計画　風水害等対策編、(http://www.city.sado.niigata.jp/admin/vision/bousai07/dis.shtml)
- 自然再生推進法[平成14年(2002年)12月11日法律第148号]。
- 国土交通省河川局：「多自然川づくり基本指針」、2006。

- 国土交通省河川砂防技術基準計画編(2004年3月6日改定)。
- 第4期佐渡市高齢者保健福祉計画・介護保険事業計画(素案)、(http://www.city.sado.niigata.jp/index.html)。
- 新潟県「佐渡地域河川(国府川水系他)再生計画の概要」(http://www.pref.niigata.lg.jp/HTML_Article/tokikawa18,0.pdf)。

◆会議資料等

- 「多自然型川づくり」レビュー委員会、第1回資料2。
- 「多自然型川づくり」レビュー委員会、第2回資料4。
- トキと人の共生を目指した水辺づくり座談会、開催報告(第1回から第10回)。
- トキと人の共生を目指した水辺づくり座談会、第6回資料。
- トキの野生復帰に向けた川づくりアドバイザリー会議、第2回資料3。
- 新潟県「平成10年8.4水害の概要」。
- 宮崎海岸侵食対策検討委員会、第1回資料。
- 宮崎海岸市民談義所、第5回資料。

◆ホームページ等

- 環境省自然環境局生物多様性センターホームページ(http://www.biodic.go.jp/cbd/s1/l/kasen/1.pdf)。
- 国土交通省九州地方整備局宮崎河川国道事務所ホームページ(http://www.qsr.mlit.go.jp/miyazaki/)。
- 国土交通省東京外かく環状国道事務所ホームページ(http://www.ktr.mlit.go.jp/gaikan/index.html)。
- 佐渡市ホームページ(http://www.city.sado.niigata.jp/index.html)。
- 佐渡トキ保護センター　野生復帰ステーションホームページ(http://www4.ocn.ne.jp/~ibis/station/index.html)。
- 新潟県ホームページ「佐渡地域河川(国府川水系他)再生計画の概要」(http://www.pref.niigata.lg.jp/HTML_Article/tokikawa18,0.pdf)。
- 新潟県佐渡地域振興局　地域整備部ホームページ(http://www.pref.niigata.lg.jp/sado_seibi/)。
- 新潟地方気象台ホームページ(http://www.jma-net.go.jp/niigata/)。

索 引

【ア行】

アカウンタビリティ　205, 225, 230-231, 238
アドバイザリー会議　67-68, 70-71, 82-83, 86, 243
アフォーダンス　98-99
維持管理　8-9, 21, 26, 53, 85, 87, 89, 131, 149, 151, 153-156, 173, 177, 181, 183, 192, 195-196, 200-201, 207, 214, 228
移動談義所131, 133-134, 136-140, 146, 147, 179, 240
入会　144, 146, 149
入会地　149
インタレスト　4, 7-9, 44, 49-52, 54, 61, 69, 82, 85, 91-95, 99-109, 111, 118-119, 121, 123-126, 133, 140, 146, 174-175, 205-207, 209-210, 212-213, 215, 222-225, 226, 228-230
インタレストの時間的空間的要因　104, 215
インタレスト分析　4, 7-8, 49-50, 54, 69, 99, 100, 102, 104, 106, 108-109, 121, 123-124, 207, 209
おもむき　118

【カ行】

外部評価　221, 225
科学的知見　28, 49, 53, 184, 206, 217
河川砂防技術基準　17, 20-21, 32, 243
河川法　16-18, 20, 22, 31-32, 153, 181-182, 238, 242
カモケン　5, 8, 107, 124, 140-168, 170-178, 183-188, 190, 193-196, 198, 201, 213
加茂湖憲章　8, 157, 171, 173, 178

環境教育　8, 89, 143-144, 146, 151, 157, 159, 160, 166, 168, 170, 172, 175, 193, 241
観光　i, 134, 137, 160, 163-165, 170, 172, 174, 177
関心・懸念　44, 50, 91-93, 118, 124, 212, 228
感性　90, 126, 199, 201-202, 238, 240
間接コミュニケーション　73
気候　23, 105, 111-112, 114, 119, 120, 122
協働行為　82, 89, 214
共有資源　149-150
漁協　80, 140-143, 158, 161-162, 163, 175, 183, 188-190, 196
漁業者　66, 80-83, 85, 89, 91, 97, 100-102, 105-107, 120-121, 123, 139-141, 143, 145-146, 152, 157-158, 160-161, 163, 167-168, 171-172, 174-175, 177-178, 181-182, 184-188, 191, 192, 193, 194, 200, 207-208, 213, 227, 229
局所的風土性　111
空間の価値構造　118
空間の豊かさ　29, 33
空間の履歴　29, 33, 118
グループ内合意形成　44
グローバル・コモンズ　150
景観　19-22, 32, 69, 83, 90, 92, 95-96, 98, 110-112, 114, 141-142, 158-159, 160, 162-164, 175, 180, 198, 239-241
合意形成プロセス構造把握フレーム　v, 9, 221, 222, 224-225, 229
合意形成マネジメント　ii-iii, 3-8, 11, 34-35, 45, 48-52, 54, 56, 59, 61, 68-69, 72-73, 76-77, 80, 82, 85-87, 91-95, 99, 105, 107-109, 111, 117-118, 121,

124-126, 129, 131, 139-140, 143, 205, 207, 209, 210, 215, 219-222, 224, 226, 232, 237
洪水　　　17-19, 28, 32, 65-66, 85, 92, 97, 114, 120-121, 238
高齢化　　86, 103, 106, 133, 146, 164-165, 175
こごめのいり再生プロジェクト　　6, 158, 183, 191, 195, 197-198
コミュニケーション　　6, 15, 33, 70, 73, 75, 90, 95, 98, 206-207, 238-239
コモンズ　　5, 8, 70, 148-157, 171, 173, 177-178, 179, 181, 196-197, 200-201, 214, 234, 237, 240, 241-242
コモンズ再生　5, 8, 70, 157, 171, 177-178, 181, 196, 200
コモンズの悲劇　　　　　　　　149, 156
根源的不確実性　　　　　　　　　　28
コンフリクト・アセスメント　　　35, 99

【サ行】

佐渡島加茂湖水系再生研究所　　　5, 8, 82, 107, 131, 139-141, 143, 147-148, 156-157, 234
三面張り　　　　　　　　　　　65, 86
自然再生　　　　　i-iii, 1, 3-9, 13, 22, 25-28, 30, 33-34, 36-40, 43-44, 46-49, 52-55, 57, 59, 61-64, 67-68, 70-71, 73, 76-78, 79, 81-85, 87, 89-91, 93, 95, 100, 104-105, 107, 109, 119- 121, 123, 125, 129, 131-133, 137, 139-140, 142,-144, 146-148, 155-158, 160, 163, 174, 177-178, 180-183, 186-188, 191, 194-195, 199-200, 202, 205, 207, 210, 212, 214-217, 219-222, 226-230, 232, 234, 237, 239, 240,-243
自然再生推進法　　3, 25-27, 33, 53, 155, 217, 230, 243
市民工事　　v, 8-9, 181, 191, 194-197, 199-201, 234

市民参加　　　iv, 3, 7, 13-17, 27, 30, 33-34, 55, 75, 76, 90, 198, 233, 238, 241-242
市民組織　　　　v, 4, 5, 8, 49, 82, 107, 131, 139-140, 149, 176, 194, 196
社会環境整備　　5, 8, 70, 131, 138, 147, 179, 240
社会的合意形成　　　　ii, iv, 1, 44, 56, 92, 109, 123, 125, 132, 138, 180, 231, 237-238, 242
社会的ジレンマ　　　　　　　　41-42
主体形成　　　　　　　　　　　　　8
親水空間　　　　　　　　　186-188
水害　　　　　19, 31, 32, 65, 84, 97, 101, 105-106, 108, 119, 127, 243
水質悪化　　　　　　　　　　36, 80
ステークホルダー　ii, 7-8, 34-37, 39, 40, 46-53, 61, 69-70, 80, 85-86, 91-95, 97, 99-106, 108-109, 111, 118-119, 124-125, 139, 152, 184, 206-212, 222,-225, 228-230, 232
生活知　　　　　　　　　　　　　28
生態系サービス　　　　　　　　　25
生物多様性　　iv, 7, 23-26, 28, 31, 33, 53-54, 136, 138, 155, 172, 240, 242, 243
生物多様性基本法　　　　　　　　23
生物多様性国家戦略　　23-26, 28, 33, 53, 242
生物多様性条約　　　　　　　23-24
創造的合意形成　　　　　ii, iv, 40, 47
総論賛成・各論反対　　　　42, 56, 85

【タ行】

代表民主主義　　　　　　　　27, 30
対話　　　　　37, 39, 69-70, 74-75, 134
多機能重奏協働モデル　9, 197, 199-201
多自然型川づくり　　19-22, 32-33, 243
多自然川づくり　　19, 22, 27, 31-33, 90, 127, 138, 238-239, 242-243
多自然川づくり基本指針　22, 27, 33, 243

多数決　　　　　　　　　　41-43
タテ割り　　　　　　　　137, 142
談義　　　　80-81, 107, 131, 133-141,
　　143-144, 146, 147-160, 163, 164-166,
　　168-171, 173, 179, 185-188, 195, 231,
　　234, 240, 242-243
談義所　　　131, 133-140, 146-147, 158, 159,
　　166, 179, 231, 234, 240, 242-243
地域主体　　8, 156-157, 173, 177-178, 183,
　　200, 214-215
地域づくり　　　14, 136, 144, 157-159, 162,
　　164-165, 172, 195
地権者　　15, 36-37, 85-86, 102-103, 108,
　　207-208
治水　　　16-20, 31, 32, 66, 84, 85, 89, 92,
　　100, 101, 105, 106, 139, 182, 218, 228,
　　238
地方分権一括法　　　　　　　　182
通態性　　　　　　　　　　115, 116
使い手とつくり手　　　　　　　197
天王川自然再生事業　　　　　　4-8,
　　54, 61, 67, 68, 70, 71, 73, 77, 81-82, 87,
　　89, 91, 93, 100, 104-105, 109, 119, 121,
　　123, 125, 139-140, 143, 174, 187, 207,
　　212, 226, 228
トキ　　4, 5, 8, 61-64, 67, 70, 74-75, 80-82,
　　85-87, 89, 100-104, 106-108, 131-139,
　　146-147, 158-160, 163, 165-168, 172,
　　179, 208, 213-214, 227, 234-235, 237,
　　240, 243
「トキと社会」研究チーム　　　132-133,
　　136-138, 146, 165
トキの島再生研究プロジェクト　　5, 132

【ナ行】

内湖　　　　　　　83-84, 90, 101, 240
内部評価　　　　　　　　　　　221

【ハ行】

話し合いの場の空間デザイン　　　72

パブリック・イメージ　　　　　　97
パブリック・インボルブメント（PI）　15,
　　31, 56, 238
ビオトープ　　　20, 67, 83, 86, 100, 101,
　　103-104, 106, 137, 159, 167, 168
評価　　　　i, 9, 35, 53, 163, 166, 176, 180,
　　203, 205, 207-210, 212-215, 219-222,
　　225, 229-233, 238-241
ファシリテーション　　4, 68-69, 76, 90,
　　108, 134, 240
ファシリテータ　　38-39, 49-51, 72, 76,
　　93, 208
フィールドワークショップ　　73-76, 208
風景　　　74-75, 96-98, 110, 158, 160,
　　163-164, 168-169, 179-180, 198-199,
　　202, 233, 238, 240
風景の集団表象　　　　　　　　98
風土　　8-9, 111-112, 114-127, 172, 209,
　　238-242
風土学　　　　111, 115-117, 127, 240-241
風土性　　8-9, 111-112, 117-118, 120-126,
　　209
不確実性　　3, 7, 28, 52-53, 216, 217-219
複雑性　　7, 27, 37, 46, 52, 184, 206, 216,
　　219, 229
プロジェクト・マネジメント　　40, 47-48,
　　56, 109, 216-217, 219, 230, 240
プロセス・マネジメント　　ii, 3, 35, 123,
　　125, 225
包括的再生　　5, 8, 70, 131, 136, 138-140,
　　146, 156-157, 171, 213, 215, 234
法定外公共物　　　　　181-183, 191, 194

【マ行】

まちづくり　　3, 14, 30-31, 38, 75, 143,
　　232, 238, 240, 241
マネジメントツール　　　220, 225, 230
水辺づくり座談会　　67, 70, 79, 207, 243
宮崎海岸侵食対策事業　　　　216, 231
メンテナンス　　　　　　　　87, 191

【ヤ行】

矢板　　　　　65, 81, 107, 141, 160, 187
ヨシ原　　　　81, 83, 142, 153, 158, 160-162, 169, 175, 179, 187-189, 191-192, 196-197, 240

【ラ行】

利害　　　　　ii, 7, 15, 27, 34-35, 37, 40, 42, 44, 46, 48, 50, 92-93, 125, 144, 205, 232
理由の来歴　　7, 91, 93-95, 99, 108-109, 124, 209
ルール　　　　8, 43, 70-71, 76, 150, 152-157, 172-173, 177-179, 206-208
ローカル・コモンズ　　5, 70, 150-152, 155, 171, 178, 179, 234, 241, 242
ローカル・コモンズ再生（研究）プロジェクト　　　　　　　　5
ローカルな価値　　　　　　27-28
ローカル・ナレッジ　　28, 30, 46, 202, 208

【ワ行】

ワークショップ　　5, 37-39, 49, 50-51, 55, 68-70, 73-77, 79-81, 93, 99, 107, 133, 137, 141-142, 159, 162-165, 169, 175, 208, 241
和辻哲郎　　　　111, 115, 126, 239, 242

【アルファベット】

KJ法　　　　　　　　　　　　208
NIMBY　　　　　　　　　　　42
PDCAサイクル　　　215-219, 221, 229

[著者紹介]

髙田 知紀(たかだ ともき)

1980年神戸市生まれ．2003年，神戸市立工業高等専門学校専攻科都市工学専攻修了．関西造園土木株式会社工事グループ勤務を経て，2010年，東京工業大学大学院社会理工学研究科価値システム専攻修士課程修了．2013年，同大学院博士課程修了．博士(工学)．

現在，神戸市立工業高等専門学校都市工学科助教．

専門は合意形成学，地域計画．

社会基盤整備における合意形成とプロジェクト・マネジメントの技術についての研究を展開．また，地域の文化的・歴史的資源に着目し，風土に根ざした地域計画のあり方についても研究を行う．実践面では，主に神戸や佐渡島をフィールドに，市民が主体となった地域づくり，水辺環境の保全・再生などの活動に従事．

主要論文は「自然再生における局所的風土性にもとづいたインタレスト分析と合意形成マネジメント」(日本感性工学会論文誌)，「東日本大震災の津波被害における神社の祭神とその空間的配置に関する研究」(土木学会論文集)，「社会基盤整備における合意形成プロセスの構造的把握に関する研究」(土木学会論文集)など．

自然再生と社会的合意形成 〔検印省略〕

2014年 2月 5日　初 版　第 1刷発行　　　　　※定価はカバーに表示してあります．

著者©髙田知紀　　発行者　下田勝司　　　　印刷・製本／中央精版印刷

東京都文京区向丘1-20-6　　郵便振替00110-6-37828
〒113-0023　TEL(03)3818-5521　FAX(03)3818-5514　　発行所　株式会社 東信堂

Published by TOSHINDO PUBLISHING CO., LTD
1-20-6, Mukougaoka, Bunkyo-ku, Tokyo, 113-0023, Japan
E-mail：tk203444@fsinet.or.jp　http://www.toshindo-pub.com/

ISBN978-4-7989-1213-4　C3036　©Takada Tomoki

東信堂

日本コミュニティ政策の検証―自治体内分権と地域自治へ向けて	山崎仁朗編著	四六〇〇円
現代日本の地域分化―センサス等の市町村別集計に見る地域変動のダイナミックス	蓮見音彦	三八〇〇円
地域社会研究と社会学者群像―社会学としての闘争論の伝統	橋本和孝	五九〇〇円
「むつ小川原開発・核燃料サイクル施設問題」研究資料集	舩橋晴俊編著 茅野恒秀 金山行孝	一八〇〇〇円
組織の存立構造論と両義性論―社会学理論の重層的探究	舩橋晴俊	二五〇〇円
新版 新潟水俣病問題―加害と被害の社会学	飯島伸子 舩橋晴俊編	三八〇〇円
新潟水俣病をめぐる制度・表象・地域	関礼子編	五六〇〇円
新潟水俣病問題の受容と克服	堀田恭子	四八〇〇円
自立支援の実践知―阪神・淡路大震災と共同・市民社会	似田貝香門編	四三八一円
公害被害放置の社会学―イタイイタイ病・カドミウム問題の歴史と現在	藤川賢 渡辺伸一 飯島伸子編	三六〇〇円
自然再生と社会的合意形成	髙田知紀	三二〇〇円
環境と国土の価値構造	桑子敏雄編	三五〇〇円
空間と身体―新しい哲学への出発	桑子敏雄	二五〇〇円
森と建築の空間史―南方熊楠と近代日本	千田智子	四三八一円
〔改訂版〕ボランティア活動の論理―ボランタリズムとサブシステンス	西山志保	三六〇〇円
自立と支援の社会学―阪神大震災とボランティア	似田貝香門編	四三八一円
個人化する社会と行政の変容	佐藤恵	三二〇〇円
―情報コミュニケーションによるガバナンスの展開	藤谷忠昭	三八〇〇円
《大転換期と教育社会変革の社会論的考察》		
第1巻 教育社会史―日本とイタリアと	小林甫	七八〇〇円
第2巻 現代的教養Ⅰ―生活者生涯学習の技術者生涯学習の	小林甫	六八〇〇円
第3巻 現代的教養Ⅱ―地域・的展開	小林甫	六八〇〇円
第3巻 学習力変革―地域自治と生涯学習と展望	小林甫	近刊
第4巻 社会共生力―東アジアと社会構築、成人学習	小林甫	近刊

〒113-0023 東京都文京区向丘1-20-6
TEL 03-3818-5521 FAX 03-3818-5514 振替 00110-6-37828
Email tk203444@fsinet.or.jp URL:http://www.toshindo-pub.com/

※定価：表示価格（本体）＋税

東信堂

宰相の羅針盤――総理がなすべき政策	村上誠一郎＋21世紀戦略研究室	一六〇〇円
［改訂版］日本よ、浮上せよ！	村上誠一郎＋原発対策国民会議	二〇〇〇円
福島原発の真実 このままでは永遠に収束しない――原子炉を「冷温密封」する！	丸山茂徳監修	一七一四円
3.11本当は何が起こったか：巨大津波と福島原発――最前線を教材にした暁星国際学園「ヨネ研究の森コース」の教育実践	吉野孝編著	二〇〇〇円
2008年アメリカ大統領選挙――オバマの勝利は何を意味するのか	前嶋和弘編著	
オバマ政権はアメリカをどのように変えたのか――支持連合・政策成果・中間選挙	吉野孝・前嶋和弘編著	二六〇〇円
オバマ政権と過渡期のアメリカ社会――選挙、政党、制度メディア、対外援助	吉野孝・前嶋和弘編著	二四〇〇円
北極海のガバナンス	奥脇直也編著	三六〇〇円
政治学入門	城山英明	一八〇〇円
政治の品位	内田満	一八〇〇円
日本ガバナンス――「改革」と「先送り」の政治と経済　日本政治の新しい夜明けはいつ来るか	内田満	二八〇〇円
「帝国」の国際政治学――冷戦後の国際システム　国際規範の制度化とアメリカ対外援助政策の変容	山本吉宣	四七〇〇円
国際開発協力の政治過程――アメリカ介入政策と米州秩序	小川裕子	四〇〇〇円
ドラッカーの警鐘を超えて――複雑システムとしての国際政治	草野大希	五四〇〇円
最高責任論――最高責任者の仕事の仕方	樋尾一起年	一八〇〇円
震災・避難所生活と地域防災力――北茨城市大津町の記録	坂本和一 大内一寛	二五〇〇円
〈シリーズ防災を考える・全6巻〉	松村直道編著	一〇〇〇円
防災の社会学［第二版］――防災コミュニティの社会設計へ向けて	吉原直樹編	三八〇〇円
防災の心理学――ほんとうの安心とは何か	仁平義明編	三三〇〇円
防災の法と仕組み	生田長人編	三三〇〇円
防災教育の展開	今村文彦編	三二〇〇円
防災と都市・地域計画	増田聡編	続刊
防災の歴史と文化	平川新編	続刊

〒113-0023 東京都文京区向丘1-20-6　TEL 03-3818-5521　FAX 03-3818-5514　振替 00110-6-37828
Email tk203444@fsinet.or.jp　URL:http://www.toshindo-pub.com/

※定価：表示価格（本体）＋税

東信堂

グローバル化と知的様式——社会科学方法論についての七つのエッセー	J・ガルトゥング 大矢 重澤光太郎 訳	二八〇〇円
社会的自我論の現代的展開	船津 衛	二四〇〇円
社会学の射程——ポストコロニアルな地球市民の社会へ	庄司 興吉	三二〇〇円
地球市民学を創る——変革のなかで	庄司 興吉 編著	三二〇〇円
市民力による知の創造と発展	庄司 興吉 編著	三二〇〇円
社会階層と集団形成の変容——身近な環境に関する市民研究の持続的展開	萩原 なつ子	三二〇〇円
階級・ジェンダー・再生産——集合行為と「物象化」のメカニズム	丹辺 宣彦	六五〇〇円
現代日本の階級構造——理論・方法・計量分析	橋本 健二	三二〇〇円
人間諸科学の形成と制度化——社会諸科学との比較研究	橋本 健二	四五〇〇円
現代社会と権威主義——フランクフルト学派権威論の再構成	長谷川 幸一	三八〇〇円
観察の政治思想——アーレントと判断力	保坂 稔	三六〇〇円
インターネットの銀河系——ネット時代のビジネスと社会	M・カステル 矢澤・小山 訳	三六〇〇円
	小山 花子	二五〇〇円
園田保健社会学の形成と展開	山手 茂 編著	三六〇〇円
社会的健康論	園田 恭一	二五〇〇円
保健・医療・福祉の研究・教育・実践	園田恭一・山手茂・米林喜男 編	三四〇〇円
研究道 学的探求の道案内	平岡公一・武川正吾・山田昌弘・黒田浩一郎 監修	二八〇〇円
福祉政策の理論と実際（改訂版）福祉社会学研究入門	三重野 卓 編	二五〇〇円
認知症家族介護を生きる——新しい認知症ケア時代の臨床社会学	井口 高志	四二〇〇円
社会福祉における介護時間の研究——タイムスタディ調査の応用	渡邊 裕子	五四〇〇円
介護予防支援と福祉コミュニティ	松村 直道	二五〇〇円
対人サービスの民営化——行政・営利・非営利の境界線	須田木 綿子	二三〇〇円

〒113-0023 東京都文京区向丘1-20-6
TEL 03-3818-5521　FAX03-3818-5514　振替 00110-6-37828
Email tk203444@fsinet.or.jp　URL:http://www.toshindo-pub.com/

※定価：表示価格（本体）＋税

東信堂

ハンス・ヨナス「回想記」	盛永審一郎・木下喬・馬渕浩二・山本達監訳	四八〇〇円
責任という原理――科学技術文明のための倫理学の試み（新装版）	H・ヨナス／加藤尚武監訳	四八〇〇円
原子力と倫理――原子力時代の自己理解	Th・リット／小笠原道雄訳	一八〇〇円
死の質――エンド・オブ・ライフケア世界ランキング	小林甫・小野且之訳	一二〇〇円
生命の神聖性説批判	H・クーゼ／飯田亘之・石川悦久・小野谷加奈子・片桐茂博・水野俊誠訳	四六〇〇円
メルロ＝ポンティとレヴィナス――他者への覚醒	N・オルディネ／加藤守通監訳	三二〇〇円
概念と個別性――スピノザ哲学研究	朝倉友海	三八〇〇円
〈現われ〉とその秩序――メーヌ・ド・ビラン研究	村松正隆	四六〇〇円
省みることの哲学――ジャン・ナベール研究	越門勝彦	三八〇〇円
ミシェル・フーコー――批判的実証主義と主体性の哲学	手塚博	三二〇〇円
カンデライオ（ブルーノ著作集１巻）	加藤守通訳	三二〇〇円
原因・原理・一者について（ブルーノ著作集３巻）	加藤守通訳	三二〇〇円
傲れる野獣の追放（ブルーノ著作集５巻）	加藤守通訳	四八〇〇円
英雄的狂気（ブルーノ著作集７巻）	加藤守通訳	三六〇〇円
ロバのカバラ――ジョルダーノ・ブルーノにおける文学と哲学	加藤守通訳	三二〇〇円
〈哲学への誘い――新しい形を求めて 全５巻〉		
哲学の立ち位置	松永澄夫編	二八〇〇円
哲学の振る舞い	松永澄夫編	二八〇〇円
社会の中の哲学	松永澄夫編	三〇〇〇円
世界経験の枠組み	松永澄夫編	各三八〇〇円
自己	松永澄夫編	
哲学史を読むⅠ・Ⅱ	松永澄夫・伊佐敷隆弘編	
言葉は社会を動かすか	松永澄夫・高橋克也編	二三〇〇円
言葉の働く場所	松永澄夫・村瀬鋼編	二三〇〇円
食を料理する――哲学的考察	松永澄夫・鈴木泉編	二三〇〇円
言葉の力（音の経験・言葉の力第Ⅰ部）	松永澄夫	二五〇〇円
音の経験（音の経験・言葉の力第Ⅱ部）	松永澄夫	二八〇〇円
環境――言葉はどのようにして可能となるのか	松永澄夫編	二〇〇〇円
環境安全という価値は…	松永澄夫編	二三〇〇円
環境設計の思想	松永澄夫編	二三〇〇円
環境 文化と政策	松永澄夫編	二三〇〇円

〒113-0023 東京都文京区向丘1-20-6　TEL 03-3818-5521　FAX 03-3818-5514　振替 00110-6-37828
Email tk203444@fsinet.or.jp　URL http://www.toshindo-pub.com/

※定価：表示価格（本体）＋税

東信堂

オックスフォード キリスト教美術・建築事典	P & L.マレー著 中森義宗監訳	三〇〇〇〇円
イタリア・ルネサンス事典	J・R・ヘイル編 中森義宗監訳	七八〇〇円
美術史の辞典	中森義宗、P・デューロ他 清水忠訳	三六〇〇円
書に想い 時代を讀む	河田悌一	一八〇〇円
日本人画工 牧野義雄—平治ロンドン日記	ますこ ひろしげ	五四〇〇円
〔芸術学叢書〕		
芸術理論の現在—モダニズムから	谷川渥編著	三八〇〇円
絵画論を超えて	藤枝晃雄編著	
美を究め美に遊ぶ—芸術と社会のあわい	尾崎信一郎	四六〇〇円
バロックの魅力	江藤光紀 荻野厚志編著 田中佳	二八〇〇円
新版 ジャクソン・ポロック	小穴晶子編	二六〇〇円
美学と現代美術の距離	藤枝晃雄	二六〇〇円
ロジャー・フライの批評理論—アメリカにおけるその乖離と接近をめぐって	金悠美	三八〇〇円
レオノール・フィニー—境界を侵犯する新しい種 性と感受性の間で	尾形希和子	二八〇〇円
いま蘇るブリア＝サヴァランの美味学	要真理子	四二〇〇円
〔世界美術双書〕	川端晶子	三八〇〇円
バルビゾン派	井出洋一郎	二〇〇〇円
キリスト教シンボル図典	中森義宗	二三〇〇円
パルテノンとギリシア陶器	関隆志	二三〇〇円
中国の版画—唐代から清代まで	小林宏光	二三〇〇円
象徴主義—モダニズムへの警鐘	中村隆夫	二三〇〇円
中国の仏教美術—後漢代から元代まで	久野美樹	二三〇〇円
日本の南画	浅野春男	二三〇〇円
画家とふるさと	武田光一	二三〇〇円
ドイツの国民記念碑―一八一三年	小林忠	二三〇〇円
日本・アジア美術探索	大原まゆみ	二三〇〇円
インド、チョーラ朝の美術	永井信一	二三〇〇円
古代ギリシアのブロンズ彫刻	袋井由布子	二三〇〇円
	羽田康一	二三〇〇円

〒113-0023 東京都文京区向丘1-20-6　TEL 03-3818-5521　FAX 03-3818-5514　振替 00110-6-37828
Email tk203444@fsinet.or.jp　URL:http://www.toshindo-pub.com/

※定価：表示価格（本体）＋税

東信堂

《未来を拓く人文・社会科学シリーズ〈全17冊・別巻2〉》

科学技術ガバナンス	城山英明編	一八〇〇円
ボトムアップな人間関係 ──心理・教育・福祉・環境・社会の12の現場から	サトウタツヤ編	一六〇〇円
高齢社会を生きる ──老いる人／看取るシステム	清水哲郎編	一八〇〇円
家族のデザイン	小長谷有紀編	一八〇〇円
水をめぐるガバナンス ──日本、アジア、中東、ヨーロッパの現場から	蔵治光一郎編	一八〇〇円
生活者がつくる市場社会	久米郁夫編	一八〇〇円
グローバル・ガバナンスの最前線 ──現在と過去のあいだ	遠藤乾編	二二〇〇円
資源を見る眼 ──現場からの分配論	佐藤仁編	二〇〇〇円
これからの教養教育 ──「カタ」の効用	葛西康徳・鈴木佳秀編	二〇〇〇円
「対テロ戦争」の時代の平和構築 ──過去からの視点、未来への展望	黒木英充編	一八〇〇円
企業の錯誤／教育の迷走 ──人材育成の「失われた一〇年」	青島矢一編	一八〇〇円
日本文化の空間学	桑子敏雄編	二二〇〇円
千年持続学の構築	木村武史編	一八〇〇円
多元的共生を求めて ──〈市民の社会〉をつくる	宇田川妙子編	一八〇〇円
芸術は何を超えていくのか？	沼野充義編	一八〇〇円
芸術の生まれる場	木下直之編	二〇〇〇円
文学・芸術は何のためにあるのか？	岡田暁生編	二〇〇〇円
紛争現場からの平和構築 ──国際刑事司法の役割と課題	遠藤乾・石田勇治編	二八〇〇円
〈境界〉の今を生きる	城山英明・鈴木達治郎編	一八〇〇円
日本の未来社会 ──エネルギー・環境と技術・政策	荒川歩・川喜田敦子・谷川竜一・内藤順子・柴田晃芳編　角和昌浩編	二二〇〇円

〒113-0023 東京都文京区向丘1-20-6　TEL 03-3818-5521　FAX 03-3818-5514　振替 00110-6-37828
Email tk203444@fsinet.or.jp　URL:http://www.toshindo-pub.com/

※定価：表示価格（本体）+税

= 東信堂 =

〈居住福祉ブックレット〉

居住福祉資源発見の旅…新しい福祉空間、懐かしい癒しの場	早川和男	七〇〇円
どこへ行く住宅政策…進む市場化、なくなる居住のセーフティネット	本間義人	七〇〇円
漢字の語源にみる居住福祉の思想	李 桓	七〇〇円
日本の居住政策と障害をもつ人	大本圭野	七〇〇円
障害者・高齢者と麦の郷のこころ	伊藤静美	七〇〇円
「住民、そして地域とともに」…健康住宅普及への途	田中直樹	七〇〇円
地場工務店とともに	加藤仁美	七〇〇円
子どもの道くさ	山本里見	七〇〇円
居住福祉法学の構想	水月昭道	七〇〇円
奈良町の暮らしと福祉…市民主体のまちづくり	吉田邦彦	七〇〇円
精神科医がめざす近隣力再建	黒田睦子	七〇〇円
進む「子育て」砂漠化、はびこる「付き合い拒否」症候群	中澤正夫	七〇〇円
住むことは生きること…鳥取県西部地震と住宅再建支援	片山善博	七〇〇円
最下流ホームレス村と住宅再建支援	ありむら潜	七〇〇円
世界の借家人運動…あなたは住まいのセーフティネットを信じられますか?	高島一夫	七〇〇円
「居住福祉学」の理論的構築	張秀萍	七〇〇円
居住福祉資源発見の旅Ⅱ…地域の福祉力・教育力・防災力	早川和男	七〇〇円
居住福祉の世界…早川和男対談集	早川和男	七〇〇円
医療・福祉の沢内と地域演劇の湯田…岩手県西和賀町のまちづくり	高橋典成	七〇〇円
「居住福祉資源」の経済学	金持伸子	七〇〇円
長生きマンション・長生き団地	神野武美	七〇〇円
高齢社会の住まいづくり・まちづくり	山下千佳夫 代崎千尋	八〇〇円
シックハウス病への挑戦…その予防・治療・撲滅のために	蔵田力	七〇〇円
韓国・居住貧困とのたたかい…居住福祉の実践を歩く	後藤允	七〇〇円
精神障碍者の居住福祉…宇和島における実践(二〇〇六〜二〇一二)	迎田武郎	七〇〇円
	全 泓奎 編	七〇〇円
	財団法人 正光会 編	七〇〇円

〒113-0023 東京都文京区向丘1-20-6
TEL 03-3818-5521 FAX 03-3818-5514 振替 00110-6-37828
Email tk203444@fsinet.or.jp URL:http://www.toshindo-pub.com/

※定価：表示価格（本体）+税